国家级职业教育规划教材

全国职业技术院校模具制造/模具设计专业教材

# 模塑工艺与模具结构
# （第二版）

人力资源和社会保障部教材办公室组织编写

中国劳动社会保障出版社

## 简介

本书主要内容包括塑料及其成型基础知识、注射成型工艺及设备、注射成型模具结构、其他塑料成型工艺与模具结构等。

本书由洪惠良主编，孙春花、陈烨妍、孙喜兵、张绍勇参加编写。

## 图书在版编目（CIP）数据

模塑工艺与模具结构/人力资源和社会保障部教材办公室组织编写. —2 版. —北京：中国劳动社会保障出版社，2016

全国职业技术院校模具制造/模具设计专业教材

ISBN 978－7－5167－2557－3

Ⅰ.①模… Ⅱ.①人… Ⅲ.①塑料成型-生产工艺-职业教育-教材②塑料模具-结构设计-职业教育-教材 Ⅳ.①TQ320

中国版本图书馆 CIP 数据核字（2016）第 141879 号

**中国劳动社会保障出版社出版发行**

（北京市惠新东街 1 号 邮政编码：100029）

\*

北京宏伟双华印刷有限公司印刷装订 新华书店经销

787 毫米×1092 毫米 16 开本 8.75 印张 178 千字

2016 年 6 月第 2 版 2016 年 6 月第 1 次印刷

定价：**16.00** 元

读者服务部电话：（010）64929211/64921644/84626437

营销部电话：（010）64961894

出版社网址：http://www.class.com.cn

http://zyjy.class.com.cn

# 前言

为了更好地适应全国职业技术院校模具类专业的教学要求，全面提升教学质量，人力资源和社会保障部教材办公室组织有关学校的骨干教师和行业、企业专家，对全国中等职业技术学校和高等职业技术院校模具类专业教材进行了修订和补充开发。教材的修订和开发以人力资源社会保障部颁布的《技工院校模具制造专业教学计划和教学大纲（2016）》与《技工院校模具设计专业教学计划和教学大纲（2016）》为依据，充分调研了企业生产和学校教学情况，广泛听取了教师对现行教材使用情况的反馈意见，吸收和借鉴了各地职业技术院校教学改革的成功经验。

**教材体系**

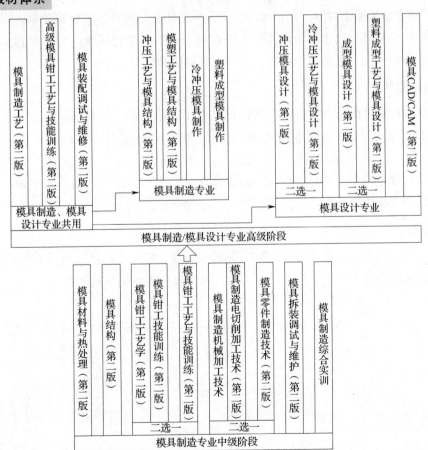

## 适用对象

模具制造/模具设计专业中级、高级两个层次和以下 3 种学制：

- 初中毕业生 3 年学制培养中级工
- 高中毕业生 3 年学制培养高级工
- 初中毕业生 5 年学制培养高级工

## 编写特色

◆ **紧贴国家职业标准**　紧密贴合《中华人民共和国职业分类大典（2015 年版）》中对模具工等职业的职业能力要求，同时参照了模具工、工具钳工等国家职业技能标准。

◆ **体现行业技术发展**　根据模具行业的最新发展，在教材中充实模具制造、设计方面的新技术，如模具 CAD/CAM/CAE 技术、快速成型技术、多轴数控加工技术、微细加工技术等，体现教材的先进性。

◆ **更新国家技术标准**　采用最新的国家技术标准，如《工模具钢》（GB/T 1299—2014）、《冲压件尺寸公差》（GB/T 13914—2013）、《冲压件角度公差》（GB/T 13915—2013）等，使教材内容更加科学和规范。

◆ **符合学生阅读习惯**　在呈现形式上，尽可能使用图片、实物照片和表格等形式将知识点生动地展示出来，力求让学生更直观地理解和掌握所学内容。尤其是在教材插图的制作中采用了立体造型技术，增强了教材的表现力。

## 教学服务

本套教材全部配有方便教师上课使用的电子课件，部分教材还配有习题册，电子课件等教学资源可通过职业教育教学资源和数字学习中心（http：// zyjy. class. com. cn）下载。在《模具结构（第二版）》等教材中引入了二维码技术，针对书中的教学重点和难点制作了动画、视频等多媒体素材，使用移动终端扫描书中相应位置处的二维码即可在线观看。

## 致谢

本次教材的开发工作得到了江苏、山东、湖南、广东、广西等省（自治区）人力资源和社会保障厅及有关学校的大力支持，在此我们表示诚挚的谢意。

人力资源和社会保障部教材办公室

2016 年 6 月

# 目　录
## Contents

第一章　塑料及其成型基础知识 …………………………………………（ 1 ）

　　第一节　塑料及其鉴别 …………………………………………………（ 1 ）

　　第二节　塑料的成型 ……………………………………………………（ 10 ）

第二章　注射成型工艺及设备 ……………………………………………（ 22 ）

　　第一节　注射成型工艺 …………………………………………………（ 22 ）

　　第二节　注射成型设备 …………………………………………………（ 30 ）

第三章　注射成型模具结构 ………………………………………………（ 38 ）

　　第一节　结构组成 ………………………………………………………（ 38 ）

　　第二节　标准模架及标准零件 …………………………………………（ 47 ）

　　第三节　成型零件 ………………………………………………………（ 57 ）

　　第四节　浇注系统及排气系统 …………………………………………（ 62 ）

　　第五节　推出机构 ………………………………………………………（ 70 ）

　　第六节　侧向抽芯机构 …………………………………………………（ 79 ）

　　第七节　温度调节系统 …………………………………………………（ 89 ）

第四章　其他塑料成型工艺与模具结构 …………………………………（ 93 ）

　　第一节　压缩成型工艺与模具结构 ……………………………………（ 93 ）

　　第二节　压注成型工艺与模具结构 ……………………………………（106）

　　第三节　其他成型工艺与模具结构 ……………………………………（115）

附录 …………………………………………………………………………（124）

　　附录一　常用工程塑料的应用 …………………………………………（124）

　　附录二　常用热塑性塑料注射成型工艺参数 …………………………（126）

　　附录三　常见注射成型塑料制品的缺陷及原因分析 …………………（130）

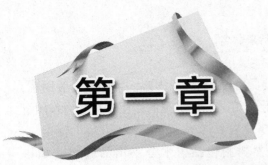

# 第一章

# 塑料及其成型基础知识

## 第一节　塑料及其鉴别

自合成树脂——酚醛塑料面世以来，塑料工业得到了飞速发展，并在国民经济发展中占据了重要地位。塑料与钢铁、木材、水泥一起构成了现代工业四大基础材料，从举世瞩目的奥运场馆到日常生活中的设备工具（图1—1—1）处处可见塑料的踪影。

a)　　　　　　　　　　　　　　b)

图1—1—1　塑料应用示例

a) 水立方"泡泡膜"　b) 电动车

### 一、塑料及其特性

#### 1. 塑料的成分

塑料是以高聚物为主要成分的高分子化合物，它在加工为成品的某阶段可流动成型。具体来说，塑料是以树脂为基础原材料（含量一般在40%～100%），并辅以添加剂而制成的有机合成材料。作为塑料中最重要的成分，树脂不仅起着黏结作用，而且

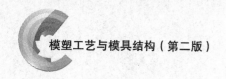
决定着塑料的性能，因此塑料常以其中的树脂来命名。

（1）树脂

树脂是一种相对分子量不确定但通常较高，常温下呈现固态、半固态、假固态，有时也可以是液态的有机物质。树脂具有软化或熔融温度范围的作用，在外力作用下有流动倾向，这也是塑料成型的基础。

树脂有天然树脂和合成树脂之分。天然树脂包括树木分泌出的脂物（如松香）、热带昆虫分泌物中的提取物（如虫胶）或石油中的提取物（如石油树脂），如图1—1—2a、b、c所示；合成树脂是人工合成的一类高分子聚合物，例如聚乙烯、尼龙、环氧树脂等，如图1—1—2d、e、f所示。合成树脂不但保留了天然树脂的优点，还改善了其成型工艺性能及其制品的使用性能。因此，目前所使用的塑料一般都是用合成树脂制成的，很少采用天然树脂。石油是制成合成树脂的主要原料。

图1—1—2　树脂

a) 老树树脂　b) 虫胶　c) 石油树脂　d) 聚乙烯　e) 尼龙　f) 环氧树脂

（2）添加剂

需要指出的是，有些树脂可以直接作为塑料使用，如聚乙烯、聚苯乙烯、尼龙等，但多数树脂必须在其中加入一些添加剂，才能作为塑料使用，如酚醛树脂、氨基树脂、聚氯乙烯等。所以，在塑料中树脂虽然起着决定性的作用，但添加剂的作用也不能忽视。

添加剂是为改善塑料的成型工艺性能、改善塑料制品的使用性能或降低塑料制品的成本而加入的一些物质。添加剂包括填充剂、增塑剂、着色剂、稳定剂等，其作用、种类形态等见表1—1—1。

表1—1—1 添加剂的作用、种类、形态

| 添加剂 | 作用、种类、形态 |
|---|---|
| 填充剂 | 又称为填料，是塑料中重要但并非每种塑料的必需成分。填充剂与其他成分机械混合，与树脂牢固胶黏在一起，但它们之间不起化学反应。填充剂的用量通常为塑料组成的40%以下<br>填充剂的加入可以减少树脂用量，降低塑料成本，改善塑料的某些性能，扩大塑料的使用范围<br>填充剂可分为有机填充剂和无机填充剂。填充剂的形态有粉状、纤维状、片状、球状、正方体状和鳞片状等。其中，粉状、纤维状、片状是常用的三种形态 |
| 增塑剂 | 是能与树脂相溶的、低挥发性的高沸点有机化合物，能够增强塑料的可塑性和柔软性，改善塑料的成型性能，但降低了塑料的刚性、稳定性、介电性能和机械强度<br>常用的增塑剂有邻苯二甲酸二丁酯、樟脑等。大多数塑料一般不添加增塑剂 |
| 着色剂 | 是为使塑料制品获得各种所需色彩而加入的改变合成树脂本色（大多为白色半透明或无色透明）的染或颜料。有些着色剂还能提高塑料的光稳定性、热稳定性<br>颜料不能溶于普通溶剂。要获得理想的着色效果，需用机械方法将颜料均匀分散于塑料中。颜料分为有机颜料和无机颜料<br>染料可用于大多数溶剂和被染色塑料 |
| 稳定剂 | 是在树脂中添加的能够稳定其化学性质的物质，用以防止塑料在加工和使用过程中发生降解、氧化断链和交联等反应，出现老化、无法重复使用等现象<br>根据稳定剂所发挥的作用不同，可分为热稳定剂、光稳定剂和抗氧化剂等 |

除上述添加剂外，在塑料中还可有选择性地加入一些其他添加剂（如润滑剂、固化剂、发泡剂、阻燃剂、防静电剂、导电剂、导磁剂等），以满足不同的需要。

**2. 塑料的分类**

（1）根据塑料受热后所表现的性能分类

塑料可分成两大类：热塑性塑料和热固性塑料。

1）热塑性塑料

所谓热塑性塑料，是指在特定温度范围内能反复加热软化熔融，冷却后硬化定型的塑料，它是可重复成型的塑料。热塑性塑料成型加工时一般只有物理变化而没有化学变化。由于热塑性塑料具有可逆性，因此在塑料加工中产生的边角料及废品可以回收粉碎成颗粒后掺入原料中利用。

常用的热塑性塑料有聚乙烯（PE）、聚氯乙烯（PVC）、聚苯乙烯（PS）、聚丙烯（PP）、丙烯腈-丁二烯-苯乙烯共聚物（ABS）、聚碳酸酯（PC）、聚酰胺（PA，俗称尼龙）、聚苯醚（PPE或PPO）、聚砜（PSU）、聚甲基丙烯酸甲酯（PMMA，俗称有机玻璃）等。

热塑性塑料可分为结晶型塑料和无定型塑料两种。结晶型塑料分子链排列整齐、稳定、紧密，而无定型塑料分子链杂乱无章。所以，结晶型塑料一般比较耐热，不透明或半透明，具有较高的力学强度，而无定型塑料则与之相反。不过也有例外，例如聚4—甲基戊烯—1为结晶型塑料，却有高透明性，而ABS为无定型塑料，却是半透明的。如图1—1—3所示为常见的热塑性塑料制品。常用的结晶型塑料有聚乙烯、聚酰胺等，常用的无定型塑料有聚苯乙烯、聚氯乙烯和ABS等。

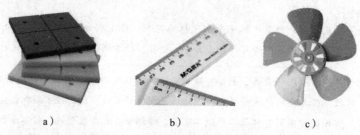

a)           b)           c)

图1—1—3 常见的热塑性塑料制品

a) 聚乙烯衬板 b) 聚苯乙烯塑料尺 c) ABS风机叶片

2) 热固性塑料

所谓热固性塑料，是指加热到一定温度时能软化熔融，可塑制成型，并硬化定型的塑料。这类塑料在成型过程中，既有物理变化又有化学变化，成型后再次加热时不会再度软化熔融。由于上述特性，加工中的边角料和废品不可回收再生利用。常用的热固性塑料有酚醛塑料（PF，俗称电木粉）、氨基塑料（AF）、环氧树脂（EP）、有机硅塑料、聚邻苯二甲酸二烯丙酯（PDAP）等。如图1—1—4所示为常见的热固性塑料制品。

a)           b)           c)

图1—1—4 热固性塑料制品

a) 酚醛塑料脚轮 b) 有机硅塑料按键 c) 环氧树脂板材

（2）根据塑料的性能和用途分类

塑料还可分为通用塑料、工程塑料和增强塑料。它们的划分及应用见表1—1—2。

### 3. 塑料的应用、特性和使用性能

（1）塑料的应用

随着塑料工业的发展，塑料制品已渗透到人们生活和生产的各个领域，其应用从表1—1—3中便可见一斑。

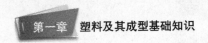

表1—1—2                                塑料按性能和用途分类

| 类别 | 划分及应用 |
| --- | --- |
| 通用塑料 | 主要是指产量大、用途广、成型性好、价格偏低的塑料。主要包括聚乙烯、聚丙烯、聚氯乙烯、聚苯乙烯、丙烯腈—丁二烯—苯乙烯共聚物五大品种。它们占塑料总产量的一大半以上 |
| 工程塑料 | 是指能承受一定外力作用，具有良好的机械性能和耐高、低温性能，尺寸稳定性较好，可以用作工程结构的塑料，如聚酰胺、聚砜等。工程塑料加工更方便，并可替代金属材料。常用工程塑料的应用见附录一 |
| 增强塑料 | 是指加入玻璃纤维填料或其他纤维作为增强材料，以树脂为黏结剂的塑料。其一般具有特种功能，可用于航空、航天等特殊应用领域 |

表1—1—3                                塑料制品的应用

| 领域 | 说明 |
| --- | --- |
| 农业 | 薄膜、管道、片板、绳索和编织袋等，可用于农田水利工程、农舍建设等 |
| 交通运输 | 门把手、方向盘、仪表板等 |
| 电气工业 | 电线、电缆、开关、插头、插座绝缘体、家用电器、计算机键盘套件、显示器外壳及各种通信设备等 |
| 通信产品 | 电话机、手机、传真机等外壳 |
| 日常生活用品 | 塑料桶、塑料盆、热水器外壳、塑料袋、航空杯、尼龙绳等 |
| 医疗 | 人工血管、输液器、输血袋、注射器、插管、检验用品、手术室用品等 |

（2）塑料的特性

塑料（制品）在众多领域得到广泛的应用的根本原因在于塑料具有优异的性能，主要表现在：

1）密度小，质量轻。塑料的密度一般在 $(0.9 \sim 2.3) \times 10^3 \ kg/m^3$，约为铝的$1/2$，钢的$1/3$。例如，塑料制成的小轿车车身质量仅为一百多千克。

2）化学稳定性高。塑料耐腐性优异，可用于制造化工行业中的管道容器等。

3）电绝缘、绝热、隔声性能好。塑料广泛用于电器、电子工业，作为结构零件、绝缘零件，如电插座、电视机外壳等。

4）耐磨。大部分塑料的动摩擦因数低，有些塑料有很好的自润滑性。因此，其可作为齿轮、刹车块的制造材料。

5）比强度、比刚度高。具有较高的按单位质量计算的强度值和刚度值。例如，碳纤维增强塑料可用于制造卫星、火箭、导弹上的零件。

6）成型方便，来源丰富。可以使用高效率的工艺方法进行成型加工。

塑料虽然具有许多优点，但仍然存在不可克服的缺陷，如老化（在阳光、压力等作用下，经一定时间后会"变老"、变色、变脆易碎）、不耐高温等。所以，塑料还不能从根本上替代金属材料。

（3）塑料的使用性能

塑料的使用性能是指塑料制品在实际使用中需要的性能，是塑料使用价值的体现。这主要包括物理性能、化学性能、机械性能、热性能、电性能等。这些性能可以用一定的实验方法来检测，并以一定的指标来衡量（表1—1—4）。各项指标的具体含义可查阅相关资料，这里不再赘述。

表1—1—4　　　　　　　　　　　　塑料使用性能指标

| 使用性能 | 衡量指标 |
|---|---|
| 物理性能 | 密度、表观密度、透湿性、吸水性、透明性、透光性等 |
| 化学性能 | 耐化学性、耐老化性、耐候性、光稳定性、抗霉性等 |
| 机械性能 | 抗拉强度、抗压强度、抗弯强度、断后伸长率、冲击韧性、疲劳强度、耐蠕变性、动摩擦因数及磨耗、硬度等 |
| 热性能 | 线膨胀系数、热导率、玻璃化温度、耐热性、热变形温度、热稳定性、热分解温度、耐燃性、比热容等 |
| 电性能 | 介电常数、介电强度、耐电弧性等 |

目前常用塑料的使用性能见表1—1—5，供选用时参考。

表1—1—5　　　　　　　　　　　　常用塑料的使用性能

| 类型 | 名称 | 使用性能 |
|---|---|---|
| 热塑性塑料 | 聚乙烯（PE） | 聚乙烯是无毒、无味，呈白色或乳白色，柔软、半透明的大理石状粒料，密度为 0.91 ~ 0.96 g/cm³<br>PE 的吸水性极小，其介电性能与温度、湿度无关。因此，PE 是理想的高频电绝缘材料 |
| | 聚氯乙烯（PVC） | 聚氯乙烯为白色或浅黄色粉末，形同面粉，造粒后为透明块状，类似明矾，密度为 1.22 ~ 1.38 g/cm³<br>PVC 有较好的电气绝缘性能，可以作为低频绝缘材料，其化学稳定性也较好。因为 PVC 的热稳定性较差，长时间加热会导致分解，并放出氯化氢气体，使 PVC 变色，所以其应用范围较窄，使用温度范围一般为 −15 ~ 55℃ |
| | 聚丙烯（PP） | 聚丙烯无色、无味、无毒，密度仅为 0.90 ~ 0.91 g/cm³。它不吸水，光泽好，易着色<br>PP 屈服强度、抗拉强度、抗压强度、硬度及弹性均好于 PE<br>PP 的熔点为 164 ~ 170℃，耐热性好，能在 100℃ 以上的温度下进行消毒灭菌。其低温使用温度达 −15℃，低于 −35℃ 时会脆裂<br>PP 的高频绝缘性能好，绝缘性能不受温度的影响，但在氧、热、光的作用下极易解聚、老化，所以必须加入防老化剂 |

| 类型 | 名称 | 使用性能 |
|---|---|---|
| 热塑性塑料 | 聚苯乙烯（PS） | 聚苯乙烯无色、无毒、无味、透明，有光泽，密度为 1.05 g/cm³。PS 是目前较为理想的高频绝缘材料<br><br>PS 的化学稳定性好，能耐碱、耐酸（包括硫酸、磷酸、10%～30% 的盐酸、稀醋酸及其他有机酸），对水、乙醇、汽油、植物油及各种盐溶液也有足够的抗腐蚀能力，但不耐硝酸和氧化剂<br><br>PS 的耐热性低，只能在不高的温度下使用，质地硬而脆。PS 制品容易因为内应力而开裂<br><br>PS 的透明性很好，透光率很高，光学性能仅次于有机玻璃（PMMA）。它的着色能力优良，能染成各种鲜艳的色彩 |
| 热塑性塑料 | 丙烯腈－丁二烯－苯乙烯共聚物（ABS） | 丙烯腈－丁二烯－苯乙烯共聚物是目前产量最大、应用最广的工程塑料之一。ABS 无毒、无味，为微黄色或白色的不透明粒料。其成型的制品有较好的光泽，密度为 1.04～1.06 g/cm³<br><br>ABS 的热变形温度高于聚苯乙烯、聚氯乙烯、尼龙等，尺寸稳定性较好，具有一定的化学稳定性和良好的介电性能、染色性<br><br>ABS 耐热性不高，连续工作温度为 70℃ 左右，热变形温度约为 93℃。ABS 不透明，耐气候性差，在紫外线作用下易变硬发脆 |
| 热塑性塑料 | 聚碳酸酯（PC） | 聚碳酸酯为无色、透明粒料，密度为 1.18～1.22 g/cm³。PC 是一种性能优良的热塑性工程塑料，韧而刚，抗冲击性在热塑性塑料中名列前茅。其成型制品可达到很好的尺寸精度，并在很宽的温度范围内保持尺寸的稳定性。PC 的成型收缩率保持在 0.5%～0.8%。它具有抗蠕变、耐磨、耐热、耐寒等优点，脆化温度在 -100℃ 以下，长期工作温度达 120℃。PC 的吸水率较低，能在较宽的温度范围内保持较好的电性能。PC 是透明材料，可见光的透射率接近 90%<br><br>PC 的耐疲劳强度较差，其成型制品的内应力较大，容易开裂。它的耐磨性也较差 |
| 热固性塑料 | 酚醛塑料（PF） | 酚醛塑料是一种硬而脆的热固性塑料，密度为 1.5～2.0 g/cm³。它以酚醛树脂为基材制得。酚醛树脂很脆，呈琥珀玻璃状，必须加入各种纤维或粉末状填料后才能获得具有一定性能要求的酚醛塑料<br><br>与一般热塑性塑料相比，PF 的刚性好，变形小，耐热、耐磨，能在 150～200℃ 温度范围内长期使用；在水润滑条件下，有极低的动摩擦因数；其电绝缘性能优良。不过，PF 质脆，抗冲击强度差 |

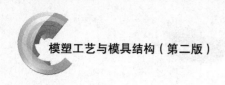

续表

| 类型 | 名称 | 使用性能 |
|------|------|----------|
| 热固性塑料 | 氨基塑料 | 脲－甲醛塑料（UF）：俗称电玉粉，密度为 1.35～1.45 g/cm³。纯净的脲－甲醛塑料无色、透明，着色性能特别优异，制品形同玉石，表面硬度较高，耐电弧性能较好，能耐弱酸、弱碱，但耐水性差<br><br>三聚氰胺－甲醛塑料（MF）：又称密胺塑料，密度为 1.47～1.52 g/cm³。MF无毒、无味，耐电弧性较好，耐酸碱，但价格较贵。其制品外观可与瓷器媲美，硬度、耐热性、耐水性均好于 UF |
| | 环氧树脂（EP） | 环氧树脂是含有环氧基的高分子有机化合物。未固化之前，它是线型的热塑性树脂。只有在加入固化剂（如胺类和酸酐等化合物）交联成体形结构的高聚物之后，才有作为塑料的实用价值<br><br>EP 种类繁多，应用广泛，有许多优良性能，最突出的特点是黏结能力强，是"万能胶"的主要成分。此外，EP 耐化学药品，耐热，电气绝缘性能良好，收缩率小，具有比 PF 更好的力学性能。EP 的缺点是耐气候性差，耐冲击性低，质地脆 |

## 二、常用塑料的鉴别

塑料的初步鉴别一般可采用外观识别法和燃烧观察法。

### 1. 外观识别法

外观识别法包括摸敲、投水、观色、弯折等，具体见表 1—1—6。

表 1—1—6　　　　　　　　　常用塑料外观识别法说明

| 方法 | 说明 |
|------|------|
| 摸敲 | 聚乙烯（PE）、聚丙烯（PP）、聚酰胺（PA）等塑料具有不同程度的可弯性，手触有硬蜡样的滑腻感，敲击时声音类似于软性角质材料<br><br>聚苯乙烯（PS）、丙烯腈－丁二烯－苯乙烯共聚物（ABS）、聚碳酸酯（PC）、有机玻璃（PMMA）等无延展性，手触有刚性感，敲击时声音清脆 |
| 投水 | 聚乙烯（PE）、聚丙烯（PP）可浮于水面，聚酰胺（PA）在水中接近悬浮状，其他绝大多数塑料可沉到水下 |
| 观色 | 高压聚乙烯（PE）未染色前呈乳白色，半透明，较软，柔而韧，稍能伸长；低压聚乙烯（PE）未染色前也呈乳白色，但不透明，质地较硬，不易延伸<br><br>聚丙烯（PP）未染色前呈白色，半透明，但比高压聚乙烯（PE）更透明、更轻、更硬<br><br>聚酰胺（PA）未染色前呈微黄色<br><br>聚苯乙烯（PS）未染色前是透明的，改性聚苯乙烯（PS）呈乳白色<br><br>丙烯腈－丁二烯－苯乙烯共聚物（ABS）呈浅象牙色 |

| 方法 | 说明 |
|------|------|
| 弯折 | 在弯折试样时,聚苯乙烯(PS)易脆裂,属于脆性材料;改性聚苯乙烯(PS)和丙烯腈-丁二烯-苯乙烯共聚物(ABS)很难折断,且裂口发白,并有特殊气味,属于韧性材料 |

## 2. 燃烧观察法

所有热固性塑料受热或燃烧时都没有发软熔融过程,只会变脆和焦化(燃焦)。聚苯乙烯及其他所有热塑性塑料受热或燃烧时都必先经历发软熔融过程,不同种类塑料有着不同的燃烧现象。常用热塑性塑料的燃烧现象见表1—1—7。

表1—1—7 　　　　　　　　常用热塑性塑料的燃烧现象

| 塑料种类 | 燃烧情况 | 火焰状态 | 近火焰形态 | 离火情况 | 气味 |
|---------|---------|---------|-----------|---------|------|
| 聚乙烯(PE) | 容易燃烧 | 上黄下蓝,黑烟少 | 有熔融滴落,熔融物很少被颜色熏染 | 可继续燃烧 | 有较明显的石蜡燃烧气味 |
| 聚丙烯(PP) | 容易燃烧 | 上黄下蓝,黑烟少 | 有熔融滴落 | 可继续燃烧 | 煤油味 |
| 聚酰胺(PA) | 不容易起燃 | 上黄下蓝 | 慢熔融滴落,起泡 | 燃烧维持短,自行熄灭 | 类似烧焦羊毛或指甲的气味 |
| 聚苯乙烯(PS) | 容易燃烧 | 黄色,浓黑烟和炭束飞逸略少 | 表面软化,不易发生滴落,起泡 | 继续燃烧 | 苯乙烯单体气味(微甜芳香) |
| 丙烯腈-丁二烯-苯乙烯共聚物(ABS) | 容易燃烧 | 黄色,浓黑烟和炭束飞逸 | 表面软化,不易发生滴落,呈焦化状态 | 继续燃烧 | 特殊臭味 |
| 聚碳酸酯(PC) | 容易燃烧,燃烧缓慢 | 黄色,浓黑烟和炭束略少 | 表面软化,不易发生滴落,起泡 | 缓慢熄灭 | 花果臭味 |

续表

| 塑料种类 | 燃烧情况 | 火焰状态 | 近火焰形态 | 离火情况 | 气味 |
|---|---|---|---|---|---|
| 原色有机玻璃（PMMA） | 容易燃烧 | 浅蓝色，顶端呈白色 | 容易熔化起泡 | 继续燃烧 | 强烈的花果臭和腐烂的蔬菜臭味 |
| 聚氯乙烯（PVC） | 难燃 | 上黄下绿，有时还喷溅黄色或绿色小焰，冒白烟 | 熔体边燃烧边软化，可拉扯出丝 | 容易自熄 | 辛辣刺鼻的气味 |

在生产实际中，往往会遇到一些特殊情况，如聚苯乙烯与改性聚苯乙烯的混合使用，含有填充材料的聚丙烯的使用等，这些都有可能影响原有的识别特征。因此，可采用实验室方法（如红外光谱分析法、顺磁共振特性法、X射线衍射法等）进行鉴别。

# 第二节　塑料的成型

塑料成型在塑料制品生产乃至塑料工业中占有重要的地位。塑料成型的工艺种类很多。其中，利用模具通过加压、加热使塑料成型的方法称为模塑成型。作为一种广泛应用的、先进的塑料加工方法，模塑成型具有生产过程易于实行机械化、自动化，设备操作简单，生产效率高，成本较低，所加工的塑料制品高度一致等特点。当然，这一切与成型方法（包括成型工艺）、成型设备、成型模具密不可分。

## 一、成型方法

在塑料制品生产中，主要采用的塑料成型方法包括注射成型、压缩成型、压注成型、挤出成型、吹塑成型、气压成型和发泡成型等。它们各自的应用场合见表1—2—1。

### 1. 注射成型

注射成型是热塑性塑料产品最为普遍的一种成型方法。它是在加压条件下，由注射机加热料筒，将塑料物料熔融，经过模具浇注系统，注入闭合模具模腔中形成制品的模塑方法。注射成型示意如图1—2—1a所示。

**表1—2—1** 塑料制品主要成型方法及应用场合

| 方法 | 应用场合 |
|------|----------|
| 注射成型 | 主要用于热塑性塑料制品的加工成型,从日常生活用品到各类复杂的机械、电器、交通工具等零件,几乎涵盖所有的热塑性塑料制品。另外,某些热固性塑料也可采用此法成型 |
| 压缩成型 | 是热固性塑料通常采用的成型方法。典型制品有树脂镜片、汽车方向盘、仪表壳、电器开关和插座等 |
| 压注成型 | 是热固性塑料通常采用的成型方法。主要用于封装电气元件等 |
| 挤出成型 | 适用于所有的热塑性塑料及部分热固性塑料(如酚醛塑料、脲醛塑料等)管材、棒材、板材、薄膜及电线电缆的加工成型 |
| 吹塑成型 | 常用于生产热塑性塑料制成的容器类中空制品(如塑料饮料瓶、塑料水桶等) |
| 气压成型 | 是热塑性塑料桶、瓶、罐、盒类制品采用的成型方法 |
| 发泡成型 | 常用于制作隔热材料、保温材料、隔音材料、防振材料、缓冲材料等发泡塑料的加工成型 |

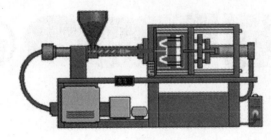

a)

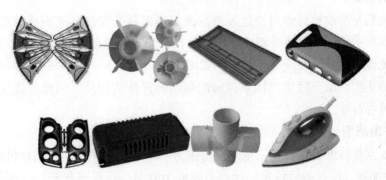

b)

图1—2—1 注射成型示意及注射成型产品示例

a)注射成型示意 b)注射成型产品示例

注射成型又称为注塑成型，它是在金属压铸法的基础上发展起来的一种成型方法。注射成型对塑料的适应性较强，可以连续地、经济地大批量生产终端形状塑料制品，容易实现自动化。因而，它在塑料制品生产行业中占有非常重要的地位，大约三分之一的塑料制品是利用注射成型工艺制成的。注射成型产品示例如图1—2—1b所示。

### 2. 压缩成型

压缩成型是指塑料物料在模具模腔中，通过加热、加压而成型并固化成制品的模塑方法。压缩成型又称为压制成型、压塑成型或模压成型，它是较早采用的塑料成型方法。压缩成型示意及压缩成型产品示例如图1—2—2所示。

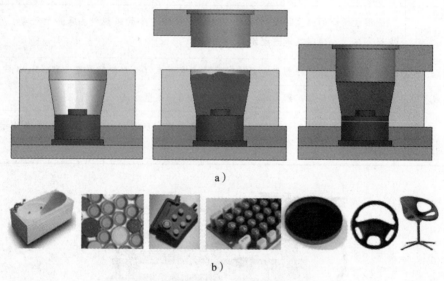

a)

b)

图1—2—2　压缩成型示意及压缩成型产品示例

a) 压缩成型示意　b) 压缩成型产品示例

### 3. 压注成型

压注成型是指使塑料物料经过加热室进入热模具的闭合模腔而成型的模塑方法。压注成型又称为传递成型或挤塑成型，它是在压缩成型基础上发展起来的塑料成型方法。压注成型示意及压注成型产品示例如图1—2—3所示。压注成型主要用于热固性塑料制品的生产。由于能生产比较精密的带细薄嵌件的制品，因此广泛应用于电机、电器、灯具等行业。

### 4. 挤出成型

挤出成型是将固态塑料在一定温度、压力下熔融、塑化，利用挤出机的螺杆旋转（或柱塞）加压，使其通过特定形状的口模成为截面与口模形状相仿的连续型材的模塑方法。

挤出成型是塑料型材的主要成型方法。轴向任何处断面形状和尺寸一样的制品均可采用挤出方法成型。挤出成型示意及挤出成型产品示例如图1—2—4所示。

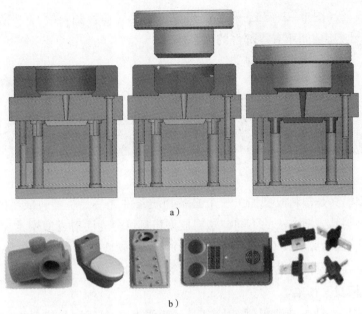

图1—2—3 压注成型示意及压注成型产品示例

a) 压注成型示意 b) 压注成型产品示例

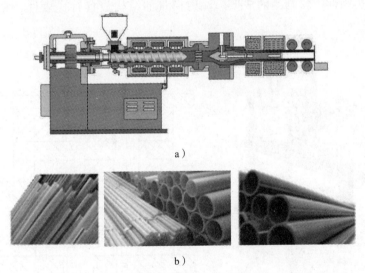

图1—2—4 挤出成型示意及挤出成型产品示例

a) 挤出成型示意 b) 挤出成型产品示例

随着生产技术的发展和进步，还涌现了一些先进的、特殊的塑料成型方法（工艺），如热流道技术、气辅成型技术、水辅成型技术、夹心注塑技术、重叠注塑工艺、注射—压缩成型技术、塑封模具技术、反应注射技术、低压模塑技术、熔芯模塑技术等。

## 二、成型模具

依据实物形状和结构按等比例制成的，可以用压制或浇灌等方法使塑料物料成为

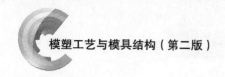

一定形状的模具（图1—2—5），称为塑料成型模具（简称塑料模）。它是构成塑料制品（模制品）成型空间所有零部件的组合体。

图1—2—5　塑料成型模具

塑料成型模具是塑料成型加工三个必备物质条件之一，是塑料成型的关键工艺装备。根据塑料制品成型方法的不同，塑料成型模具可分为注射成型模具（简称注射模，也称注塑模）、压缩成型模具（简称压缩模）、压注成型模具（简称压注模）、挤出成型模具、气压成型模具和发泡塑料成型模具等。

### 1. 注射模具

注射模具是一种生产塑料制品的工具，也是赋予塑料制品完整结构和精确尺寸的工具，其示例如图1—2—6所示。注射模具主要用来成型热塑性塑料制品，也可以用于某些热固性塑料制品的成型。注射模具的结构最具有代表性，它的应用最为广泛。

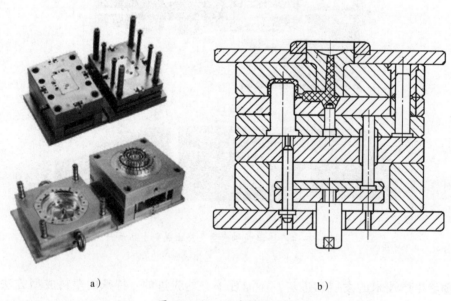

a)　　　　　　　　　　　　　b)

图1—2—6　注塑模具示例
a) 实物图　b) 结构示意图

### 2. 压缩模具和压注模具

压缩模具主要用于热固性塑料制品的成型，有时也用于热塑性塑料制品的成型。而压注模具则主要用于热固性塑料制品的成型。它们的结构示意如图1—2—7所示。

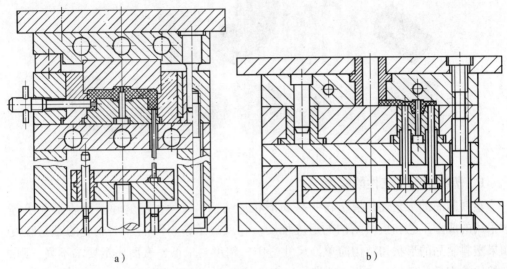

图 1—2—7 压缩模具和压注模具结构示意图
a）压缩模具 b）压注模具

## 三、成型设备

成型设备是塑料成型加工的又一个必备物质条件，它随成型工艺的不同而不同。用于塑料成型的主要设备如图 1—2—8 所示，其中包括应用最多、用于注射成型工艺的注射机（也称注塑机），用于压缩成型工艺和压注成型工艺的压力机，用于挤出成型的挤出机。

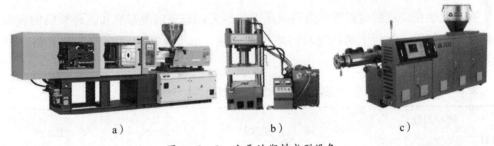

图 1—2—8 主要的塑料成型设备
a）注射机 b）压力机 c）挤出机

## 四、塑料制品的工艺性

要想把塑料加工成为满足生产、生活所需要的塑料制品（图 1—2—9），除了要考虑选用合适的塑料原材料，还要考虑塑料制品的工艺性。良好的塑料制品成型工艺性是获得合格塑料制品的基础，也是成型工艺顺利进行的基本保证。

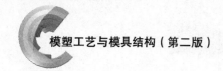

图1—2—9  塑料制品示例

### 1. 塑料制品工艺性的概念

塑料制品的工艺性是指塑料制品的形状、结构、尺寸、精度和表面质量要求等，对采用的成型工艺和模具结构的适应程度。它反映了塑料制品加工成型的难易程度。如果塑料制品的形状和结构简单，尺寸适中，精度要求低，表面质量要求不高，则成型就比较容易，所需的工艺条件就比较宽松，模具结构将相对简单，就可认为塑料制品的工艺性较好。反之，则可认为塑料制品的工艺性较差。

### 2. 塑料制品工艺性的分析内容

采用塑料成型工艺，必须进行塑料制品工艺性分析。塑料制品工艺性分析涉及的内容主要包括塑料制品的原材料分析、尺寸和精度分析、表面质量分析、几何形状及结构分析、特殊结构（如文字、螺纹、齿轮、嵌件）分析等。

满足使用性能和成型工艺要求，力求做到结构合理、造型美观、便于模具制造，是对塑料制品工艺性的根本要求。下面主要介绍塑料制品的几何形状及结构分析内容。

（1）塑料制品的几何形状

在满足使用功能的前提下，塑料制品上应尽可能避免出现影响和阻碍脱模的表面，如侧孔或侧凹等。为便于塑料制品的成型和脱模，必要时可以考虑改变其几何形状。相关典型示例见表1—2—2。

表1—2—2  改变塑件形状以利于成型的典型示例

| 项目　　形状对比 | 原设计 | 更改后 | 原设计 | 更改后 |
|---|---|---|---|---|
| 图示 |  |  |  |  |
| 说明 | 将左图侧孔容器改为右图侧凹容器，则不需要采用侧抽芯或瓣合分型的模具 |  | 应避免塑料制品表面横向凹台，以便于脱模 |  |

续表

| 形状对比 项目 | 原设计 | 更改后 | 原设计 | 更改后 |
|---|---|---|---|---|
| 图示 |  |  | 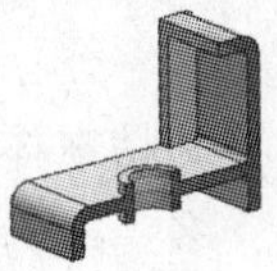 |  |
| 说明 | 塑料制品外侧凹，必须采用瓣合凹模，使塑料模具结构复杂，塑件表面有接缝 | | 塑料制品内侧凹，抽芯困难 | |
| 图示 |  |  |  |  |
| 说明 | 改变塑料制品形状，避免采用向抽芯机构 | | 将横向侧孔改成垂直向孔，可免去侧向抽芯机构 | |
| 图示 |  |  | | |
| 说明 | 将滚花改成直纹，便于脱模 | | | |

（2）制品结构

塑料制品结构包括脱模斜度、壁厚、加强肋、支承面、圆角和孔等。

1）脱模斜度

脱模斜度是指使塑料制品顺利脱模、防止擦伤其表面而允许的斜度量。塑料制品上与脱模方向平行的表面一般应设计有合理的脱模斜度，如图1—2—10所示的 $\alpha$。国家标准《塑料模塑件尺寸公差》（GB/T 14486—2008）对脱模斜度的选取和标注做了相应规定。

由于尚无精确的计算公式，脱模斜度主要凭经验或查表确定。

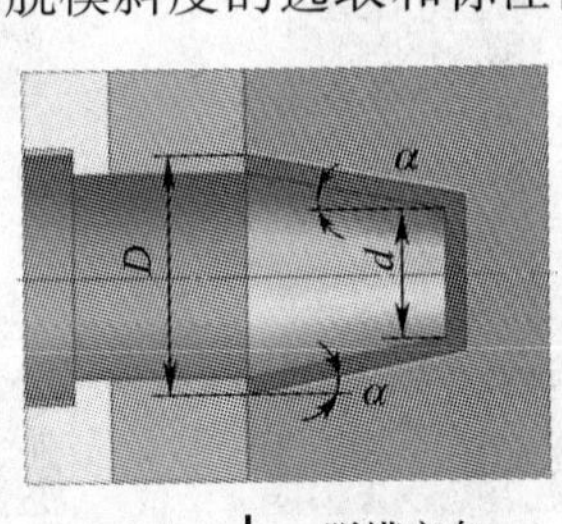

2）壁厚

塑料制品必须有一定的厚度（一般为 1~6 mm），以满足制品使用、制品成型以及生产效率等方面的需要。

脱模方向

图1—2—10 塑件的脱模斜度

3）加强肋

为了减小或避免塑料制品的变形，塑料制品上往往采用如图1—2—11所示的加强肋。加强肋是指在塑料制品某个需要增加强度或刚度的部位设置的工艺肋或筋板。

加强肋通常与塑料制品本体垂直相贯，其尺寸不宜过大，以矮一些、多一些为佳。加强肋的典型应用示例见表1—2—3，供工艺性分析时参考。

图1—2—11　加强肋及其应用

a）加强肋剖面示意图

b）带有加强肋塑料制品示例

表1—2—3　　　　　　　　　加强肋设计的典型参考示例

| 不合理 | 合理 | 说明 |
|---|---|---|
| 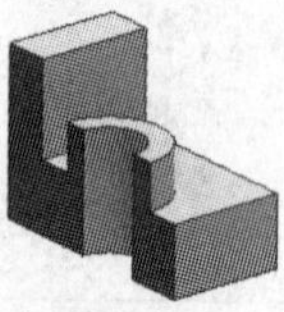 | 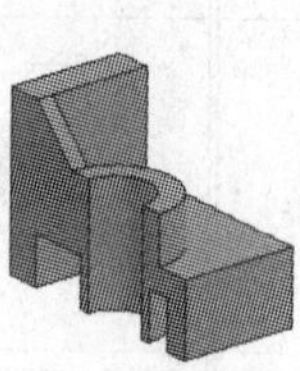 | 过厚处应减薄并设置加强肋，以保持原有强度 |
|  | 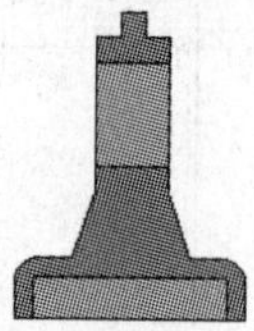 | 过高的塑料制品应设置加强肋，以减薄塑料制品壁厚 |
|  | 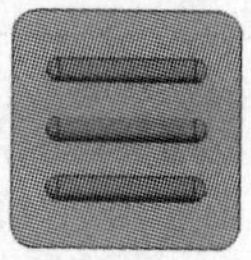 | 平板状塑料制品，加强肋应与塑料流动方向平行，以免造成充模阻力过大和降低塑料制品韧性 |
| 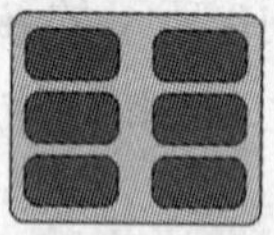 | 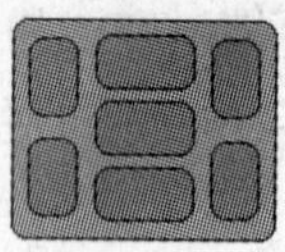 | 非平板状塑料制品，加强肋应交错排列，以免塑料制品产生翘曲变形 |
|  |  | 加强肋之间的中心距应大于制品壁厚的2倍<br>加强肋应设计得矮一些，与支承面的间隙应大于0.5 mm |

4）支承面

当塑料制品需要有一个表面作为支承面（基准面）时，以整个底平面作为支承面是不合理的，如图1—2—12a所示。因为塑料制品的稍许翘曲或变形就会造成底面不平。为此，通常采用底脚（三点或四点）或凸起的边框来代替整个支承面，其结构示意如图1—2—12b、c所示。

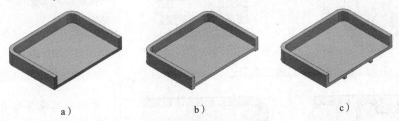

图1—2—12　塑料制品的支承面
a）平面支承　b）凸起的边框支承　c）底脚支承

5）圆角和孔

塑料制品的转角连接处应尽可能采用圆角过渡。这样，可以避免塑料制品应力集中引起的变形或裂纹，提高强度，改善熔体在模腔中的流动，有利于充模（尤其对增强塑料），有利于改善塑料制品外观和便于脱模。

塑料制品上孔的使用非常广泛，如紧固连接用孔、定位用孔、安装传动件用孔等，如图1—2—13所示。孔的形状设计应力求简单（如尽量采用圆柱孔）尺寸（如孔径和孔深）尽量合适。同时，孔的位置应尽可能开设在强度大或厚壁部位，孔与孔之间、孔与壁之间应有足够的距离。

图1—2—13　带有孔的塑料制品示例

塑料制品上的孔的合理结构及说明见表1—2—4。

表1—2—4　　　　　　　塑料制品上的孔的合理结构及说明

| 合理 | 不合理 | 说明 |
| --- | --- | --- |
|  |  | 孔间距或孔边距小于规定值时的改进设计 |
|  |  | 如果不需要露出螺钉头时，固定用螺钉应使用圆柱头螺钉，螺钉孔设计成沉头孔，而不用锥孔 |

续表

| 合理 | 不合理 | 说明 |
|---|---|---|
| | | 对穿孔应注意设计成能设置型芯的结构 |
| | | 紧固用孔或其他受力的孔，应设计出凸边或凸台，予以加强 |

6）强行脱模结构

对于具有较浅的内、外侧凹槽或凸台（并带有圆角）的塑料制品，可利用塑料在脱模温度下具有足够弹性的特性强行脱模（图1—2—14），而不必采用组合型芯的方式。具体来说，聚乙烯、聚丙烯、聚甲醛等塑料制品上5%的内凹或外凸均可采用强行脱模方式，其结构尺寸示意如图1—2—15所示。

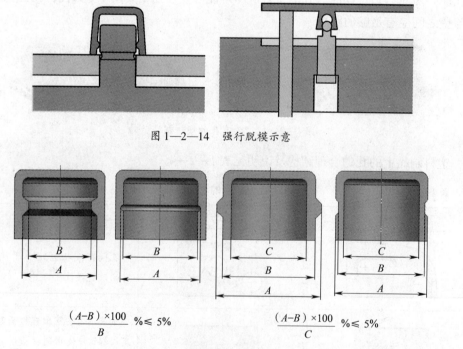

图1—2—14　强行脱模示意

$$\frac{(A-B)\times100}{B}\%\leqslant5\%$$

$$\frac{(A-B)\times100}{C}\%\leqslant5\%$$

图1—2—15　可强行脱模的结构尺寸示意

多数情况下，塑件侧向凹凸不能强行脱模，此时需采用带有侧向分型抽芯机构的模具，其结构示意如图1—2—16所示。这样会使模具结构复杂，制造成本提高。

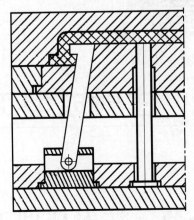

图1—2—16 带侧向分型抽芯机构模具

# 第二章

# 注射成型工艺及设备

## 第一节  注射成型工艺

　　尽管塑料原料、塑料成型设备和成型模具是塑料成型生产中的三个必不可少的物质条件，但要形成一定的塑料制品生产能力，还必须依赖相应的技术方法将这三者联系起来，这种方法就是塑料成型工艺。

　　注射成型示意如图2—1—1所示。注射成型在塑料制品成型中占有很大比例，且大部分热塑性塑料都可以采用此方法来成型。因此，下面介绍注射成型工艺。

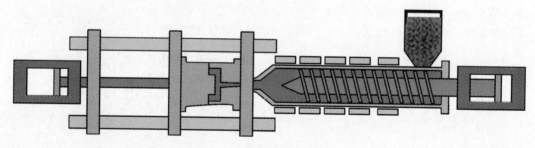

图2—1—1　注射成型示意

### 一、注射成型工艺过程

　　塑料制品的注射成型生产工艺过程循环如图2—1—2所示，其过程可概括成三个阶段：成型前的准备、注射过程、塑料制品的后处理。

#### 1. 成型前的准备

　　注塑成型前的准备工作，应根据具体塑料制品的成型需要进行。其工作内容见表2—1—1。

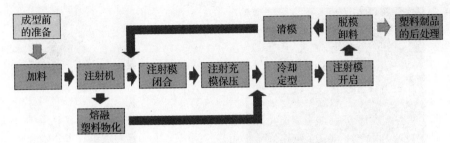

图2—1—2　注射成型生产工艺过程循环

表2—1—1　　　　　　　　　　　　　成型前的准备工作

| 工作项目 | 具体工作内容 |
|---|---|
| 原料检验和工艺性能测定 | 原料检验包括对原料的种类、外观（色泽、粒度及均匀性等）进行检验<br>工艺性能测定包括对原料流动性（熔体指数和黏度）、热稳定性、收缩率、水分含量等方面的测定 |
| 原料着色 | 根据塑料制品的颜色，在原料中加入一定剂量色母粒（图2—1—3），满足着色要求 |
| 原料预热干燥 | 应根据注射成型工艺允许的含水量要求，对吸水性强的塑料进行适当的预热干燥，去除原料中过多的水分及挥发物，防止塑料制品出现斑纹、气泡，甚至发生降解等。一般采用红外线烘箱或热风烘箱，时间0.5~4 h不等，甚至更长，如6 h以上，温度根据具体塑料材料而定 |
| 嵌件的预热 | 预热可减少塑料和嵌件的温度差，降低嵌件周围塑料的收缩应力，保证塑料制品的成型质量。预热应根据塑料的性能和嵌件大小而定。对于成型时容易产生应力开裂的塑料（如聚碳酸酯、聚砜、聚苯醚等），其制品的金属嵌件，尤其是较大的嵌件，一般都要预热。对于成型时不易产生应力开裂的塑料，且嵌件较小时，则可不进行预热 |
| 料筒的清洗 | 在改变成型产品、更换原料及颜色时要清洗料筒。通常，柱塞式注射机料筒可拆卸清洗，螺杆式注射机料筒采用对空注射法清洗 |
| 脱模剂的选用 | 注射成型时，塑料制品的脱模主要依赖于合理的成型工艺条件和正确的成型模具设计。然而，由于塑料制品本身的复杂性或工艺条件控制不稳定，不可避免地会出现脱模困难的情况，所以在生产中经常使用脱模剂（图2—1—4）。脱模剂是使塑料制品容易从成型模中脱出而喷涂在模具模腔表面上的一种助剂<br>常用的脱模剂有三种：硬脂酸锌、液态石蜡（白油）和硅油。硬脂酸锌可用于除聚酰胺以外的塑料制品脱模；液体石蜡用于聚酰胺塑料制品，脱模效果较好；硅油具有较好的润滑效果，但价格稍贵，使用也较麻烦，需配制成甲苯溶液，涂抹于模腔表面，还要加热干燥 |

图 2—1—3　色母粒

图 2—1—4　脱模剂的使用

**2. 注射过程**

注射过程是一个间歇过程，是塑料原料转变为塑料制品的主要阶段。加热塑化、加压注射、冷却定型是其三个基本工步。

（1）加热塑化

塑料的塑化是一个比较复杂的物理过程。简单地说，加热塑化是塑料在料筒内经过加热达到熔融流动状态并具有良好可塑性的过程（图 2—1—5），通过塑化，物料由松散的粉状或粒状固体转变成连续的均化熔体。生产中对该工步的要求为：在规定时间内提供足够的熔融塑料；塑料在进入模腔前达到规定的成型温度，且熔体各点温度尽可能均匀。

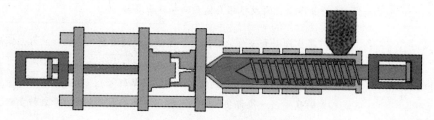

图 2—1—5　加热塑化

塑料物料塑化的程度和质量直接影响塑料制品的质量。而塑料物料的塑化质量受到众多因素的影响，如塑料种类、注射机类型及工艺条件、成型前的准备工作、料筒温度、螺杆转速等。

（2）加压注射

加压注射是指通过注射机柱塞或螺杆，按要求的压力和速度将已经塑化好的塑料熔体，推挤至料筒前端，经喷嘴和模具的浇注系统高速注射入模腔的过程，如图 2—1—6所示。该工步所经历的时间虽短，但熔体在其间所发生的变化却不少，而且这些变化对塑料制品的质量有着重要影响。

由于存在塑料熔体与料筒、喷嘴、模具浇注系统、模腔间的外摩擦及熔体内部的摩擦，塑料熔体在从料筒注入模腔的过程中需要克服一系列的流动阻力。同时，还需要对熔体进行压实。因此，成型压力很大。

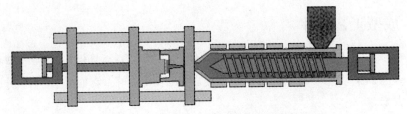

图 2—1—6 加压注射（螺杆式注射机）

（3）冷却定型

冷却定型是从塑料熔体完全冷凝至塑料制品从模腔中脱出的过程。在该工步内，模具内的塑料主要是进行冷却、凝固、定型，以使塑料制品在脱模时具有足够的强度和刚度，而不至于破坏及变形。

当塑料制品完全冷却、凝固后，即可打开模具，在推出机构作用下，塑料制品被推出模外，完成一个注射工作循环，如图 2—1—7 所示。

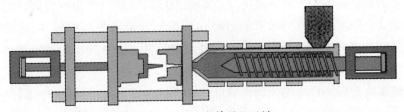

图 2—1—7 塑料制品脱模

### 3. 塑料制品的后处理

成型过程中，塑料熔体在温度和压力作用下的变形流动行为非常复杂，再加上流动前塑化不均、充模后冷却速度不同，塑料制品内经常出现不均匀的结晶（对于结晶型塑料）、取向和收缩，从而导致塑料制品内产生相应的结晶、取向和收缩应力。这些应力除引起脱模后时效变形外，还使塑料制品的力学性能、光学性能及表观质量变坏，严重时还会开裂。因此，需对塑料制品进行适当的后处理。

根据塑料的特性和使用要求，塑料制品的后处理包括退火处理和调湿处理，具体见表 2—1—2。如果塑料制品要求不高，可以不进行后处理。

表 2—1—2 塑料制品的后处理

| 方法 | 目的 | 说明 |
| --- | --- | --- |
| 退火处理 | 消除塑料制品的内应力 | 退火处理是将注射成型的塑料制品在一定温度的加热液体介质（如热水、热的矿物油、甘油、乙二醇和液体石蜡等）或热空气循环烘箱中静置一段时间，然后缓慢冷却的过程<br>退火温度控制在塑料制品使用温度以上 10～20℃，或塑料热变形温度以下 10～20℃ |
| 调湿处理 | 稳定塑料制品的颜色、性能以及尺寸 | 调湿处理是将刚脱模的塑料制品放在热水中，以隔绝空气，防止塑料制品氧化，加快吸湿平衡速度的一种后处理方法<br>通常聚酰胺类塑料需要进行调湿处理 |

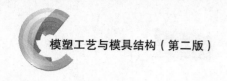

## 二、成型工艺条件

在塑料制品的注射成型生产中，工艺条件的选择和控制是保证顺利成型和制品质量的关键。注射工艺主要的工艺条件是温度、压力和时间，它们被称为注射成型工艺条件的三大要素。

### 1. 温度

注射成型过程中需要控制的温度包括料筒温度、喷嘴温度和模具温度。其中，料筒温度和喷嘴温度关系到塑料的塑化和塑料熔体的流动（充模），模具温度则关系到塑料熔体的流动和冷却定型。

（1）料筒温度

料筒温度应根据塑料的品种和特性进行选择。不同的塑料具有特定的粘流温度（又称为软化温度）或熔点，为了保证塑料熔体的正常流动，不使塑料发生过热分解，料筒最合适的温度范围应在粘流温度（或熔点温度）和热分解温度之间。对于平均相对分子量偏高、温度分布范围较窄的塑料（如玻璃纤维增强塑料），应选择较高的料筒温度。采用柱塞式塑化装置的塑料和注射压力较低、壁厚较小的塑料制品，应选择较高的料筒温度。反之，则选择较低的料筒温度。

料筒的温度分布一般采用"前高后低"的原则，即料筒的加料口（后段）处温度较低，喷嘴处的温度较高。料筒后段温度应比中段、前段温度低 5～10℃。对于吸水性偏高的塑料，料筒温度应偏高一些。对于螺杆式注射机，由于螺杆的剪切摩擦热有助于塑化，料筒前段温度可略低于中段，以防止塑料的过热分解。表 2—1—3 所列为聚丙烯和聚碳酸塑料注射成型时料筒温度参数的选择。

表 2—1—3　　　　　　　　　　　料筒温度参数的选择

| 材料 | | 聚丙烯 | 聚碳酸 | |
|---|---|---|---|---|
| 料筒温度 | 一区（℃） | 150～170 | 260～290 | 240～270 |
| | 二区（℃） | 180～190 | — | 260～290 |
| | 三区（℃） | 190～205 | 270～300 | 240～280 |
| 注射机类型 | | 螺杆式 | 柱塞式 | 螺杆式 |
| 吸水性倾向 | | 不具有 | 具有 | |

（2）喷嘴温度

喷嘴温度的影响因素很多。在实际生产中可根据经验数据，结合实际条件，初步确定适当的温度；然后，通过对塑料制品的直观分析或熔体"对空注射"进行检查，并进行调整。

喷嘴温度一般略低于料筒的最高温度。例如，采用螺杆式注射机注射成型聚丙烯制品时，喷嘴温度推荐值为 170～190℃；而采用柱塞式或螺杆式注射机注射成型聚碳酸制品时，喷嘴温度推荐值分别为 240～250℃或 230～250℃。喷嘴温度太高，熔体在喷嘴处易产生流涎现象，塑料易发生热分解。但是，喷嘴温度也不能太低，否则易产生冷块或僵块，使熔体产生早凝。其结果是凝料堵塞喷嘴，或是将冷料注入模具模腔，导致塑料制品缺陷。

（3）模具温度

模具温度取决于塑料的特性（有无结晶性）、塑料制品的结构及尺寸、塑料制品的性能要求及其成型工艺条件（如熔体温度、注射速度、注射压力和成型周期）等。例如，由于高黏度塑料的流动性较差，充模能力较弱，为获得致密的组织结构，其必须采用较高的模具温度。选择模具温度时，还要考虑塑料制品的壁厚。壁厚大的塑料制品的模具温度一般应较高，以减小内应力和防止塑料制品出现凹陷等缺陷。

模具温度一般采用通入一定温度的冷却介质来控制，也可依靠熔料注入模具自然升温或自然散热达到平衡而保持一定的模具温度，在特殊情况下还可以采用电加热器加热模具来保持模具温度。不过，无论采用哪种方法使模具保持模具温度，对塑料熔体而言都是冷却。因此，模具温度应低于塑料的玻璃化温度或热变形温度，以保证塑料熔体的凝固定型和脱模。例如，注射成型聚丙烯制品时，其模具温度推荐的控制值为 40~60℃；而注射成型聚碳酸制品时，其模具温度推荐的控制值为 90~110℃。

**2. 压力**

注射成型过程中需要控制的压力包括塑化压力、注射压力和保压压力。它们的选择将直接影响塑料的塑化和塑料制品的质量。

（1）塑化压力

塑化压力又称为螺杆背压，是指采用螺杆式注射机注射时，螺杆头部熔体在螺杆转动时所受到的压力。

塑化压力一般根据所用塑料的品种选择。例如，注射聚甲醛时，较高的塑化压力会使塑料制品的表面质量提高，但也可能导致塑料变色、塑化速率降低和流动性下降。又如，注射聚酰胺时，塑化压力必须降低；否则，螺杆中的逆流和漏流的增加，会导致塑化速率将很快降低。再如，聚乙烯的热稳定性较高，提高塑化压力不会有降解的危险，从而有利于混料和混色，但是塑化速率会随之降低。

一般来说，在保证塑料制品质量的前提下，可选用较低的塑化压力，并在实际操作中通过液压系统中的溢流阀进行调整。

（2）注射压力

注射压力是指柱塞或螺杆轴向移动时其头部对塑料熔体所施加的压力。其大小由注射机上的压力表来指示，并可通过控制系统来调整。

注射压力的大小取决于注射机的类型、塑料的品种、模具浇注系统（如结构、尺寸与表面结构）、模具温度、塑料制品的壁厚及流程长短等。在其他条件相同的情况下，柱塞式注射机的注射压力应比螺杆式注射机的注射压力大。这是因为塑料在柱塞式注射机料筒内的压力损耗大于螺杆式注射机。例如，注射成型聚碳酸制品时，采用柱塞式注射机的注射压力推荐值为 100~140 MPa，而采用螺杆式注射机的注射压力推荐值则为 80～130 MPa。

选用注射压力的原则是"低压、慢速"。一般情况下，热塑性塑料的注射压力推荐值为 40～130 MPa；聚砜、聚酰亚胺等的注射压力值则应高些。但是，熔体黏度高、冷却速度快的塑料以及成型薄壁和流程长的塑料制品，必须采用高压注射，否则不能充满模腔；成型玻璃纤维增强制品必须采用高压注射，否则其表面可能出现不均匀、不光滑等情况。

（3）保压压力

熔体充满模腔后，继续对模内熔体施加的压力称为保压压力。保压压力的作用是使熔体在压力下固化，并在收缩时进行补缩，从而确保获得完整的塑料制品。

保压压力通常不大于注射时的注射压力。例如，聚碳酸制品注射成型时，其保压压力仅需 50～60 MPa（采用柱塞式注射机）或 40～60 MPa（采用螺杆式注射机）。过大的保压压力易产生溢料、溢边，并增加塑料制品的应力。

### 3. 时间

在注射生产中，完成一次注射成型过程所需要的时间称为成型周期。成型周期包括合模时间、注射时间、保压时间、模内冷却时间和其他时间。其中，注射时间和模内冷却时间最为重要，对塑料制品的质量有着决定性影响。

注射成型周期的有关时间说明见表 2—1—4，在保证塑料制品质量的前提下，应尽量缩短成型周期中各个阶段的有关时间。

表 2—1—4　　　　　　　　　　注射成型周期的有关时间说明

| 时间段 | 定义 | 时间的选择 | 影响因素 |
|---|---|---|---|
| 合模时间 | 是指注射之前模具闭合的时间 | 合模时间太长，则模具温度过低，熔体在料筒中停留时间过长。合模时间太短，模具温度相对较高 | |
| 注射时间 | 是指从注射开始到充满模具模腔的时间，即柱塞或螺杆前进的时间 | 小型塑料制品的注射时间一般为 3～5 s，大型塑料制品的注射时间可达几十秒 | 注射时间中的充模时间与充模速度成反比。注射时间缩短，充模速度提高，取向下降，剪切速率增加，绝大多数塑料的表观黏度下降，对剪切速率敏感的塑料尤为明显 |

续表

| 时间段 | 定义 | 时间的选择 | 影响因素 |
|---|---|---|---|
| 保压时间 | 是指型腔充模后继续施加压力的时间，即柱塞或螺杆停留在前进位置的时间 | 保压时间一般为 20 ~ 25 s，特厚塑料制品的保压时间可高达 5 ~ 10 min<br>保压时间过短，塑料制品不紧密，易产生凹痕和尺寸不稳定。保压时间过长，会加大塑料制品的应力，制品会产生变形、开裂，脱模困难 | 保压时间的长短不仅与塑料制品的结构尺寸有关，还与料温、模具温度以及浇注系统的大小有关 |
| 模内冷却时间 | 是指塑料制品保压结束至开模以前所需的时间（包含柱塞后撤或螺杆转动后退的时间） | 一般为 30 ~ 120 s<br>模内冷却时间过长，不仅延长生产周期，降低生产效率，对复杂塑料制品还会造成脱模困难、易变形、结晶度高等。模内冷却时间过短，塑件易产生变形等缺陷 | 模内冷却时间的长短应以脱模时塑料制品不变形为原则。冷却时间主要取决于塑料制品的厚度、塑料的热性能、结晶性能以及模具温度等 |
| 其他时间 | 其他时间是指开模、脱模、喷涂脱模剂、安放嵌件等时间 | | |

## 三、成型工艺参数

为了保证塑料制品成型合格，应选择合理的工艺参数。这就需要充分了解并分析塑料材料的使用性能、塑料制品的工艺性、塑料的成型性能。

常用热塑性塑料注射成型工艺参数的选择可查阅附录二或有关资料。以如图 2—1—8 所示某注射成型塑料制品——聚碳酸（PC）灯座为例，制品质量约为 250 g，其成型工艺参数确定如下：

成型该制品采用螺杆式注塑机，螺杆转速为 20 ~ 40 r/min；成型前，对材料预干燥 6 h 以上。

### 1. 成型温度

料筒前端温度，240 ~ 270℃；料筒中部温度，260 ~ 290℃；料筒后端温度，240 ~ 280℃；

图 2—1—8 塑料灯座

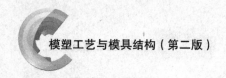

喷嘴温度，230 ~ 250℃；模具温度，90 ~ 110℃。

**2. 成型压力**

注射压力，80 ~ 130 MPa；保压压力，40 ~ 60 MPa。

**3. 成型时间**

成型周期为 40 ~ 120 s。其中，注射时间，1 ~ 5 s；保压时间，20 ~ 80 s；冷却时间，20 ~ 50 s。

上述工艺参数在试模时可做适当调整，调整依据可参考附录三。

# 第二节　注射成型设备

在塑料制品注射成型中，注射机是必不可少的成型设备。如图 2—2—1 所示为典型的螺杆式注射机。

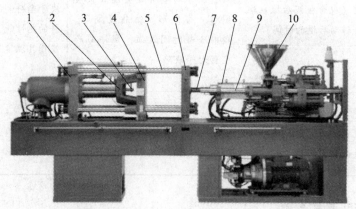

图 2—2—1　螺杆式注射机

1—后模板　2—合模系统　3—顶杆　4—动模板　5—导柱
6—前模板　7—喷嘴　8—机筒　9—螺杆　10—料斗

## 一、结构组成及作用

注射机有多种类型。尽管它们外形不同，但注射机基本由塑化注射系统、合模系统（又称为锁模系统）、液压传动系统和电气控制系统等组成。如图 2—2—2 所示为卧式注射机结构组成示意图。

**1. 塑化注射系统**

塑化注射系统的主要作用是使塑料物料均匀地塑化成熔融状态的熔体，并以一定的注射压力和注射速度，把一定量的塑料熔体注入成型模具的模腔中。塑化注射系统的组成如图 2—2—3 所示。

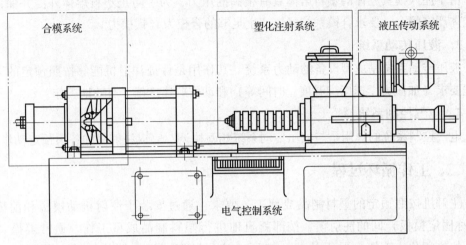

图 2—2—2 注射机结构组成示意图

塑化装置主要包括螺杆、机筒（料筒）和喷嘴。其中，螺杆是关键部件，它将塑化物料注进模具腔体；机筒是重要部件，它与螺杆共同完成对物料的输送、塑化和注射；而喷嘴则是机筒与模具之间的连接桥梁，是注射时熔体高速注入模具的通道。

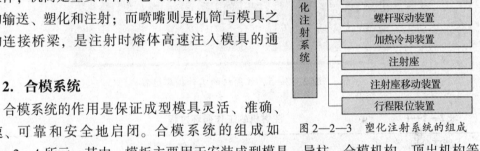

图 2—2—3 塑化注射系统的组成

**2. 合模系统**

合模系统的作用是保证成型模具灵活、准确、迅速、可靠和安全地启闭。合模系统的组成如图 2—2—4 所示。其中，模板主要用于安装成型模具、导柱、合模机构、顶出机构等；导柱用于连接前模板、后模板，并保证动模板平行移动。

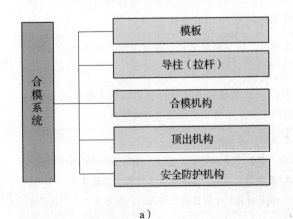

a）

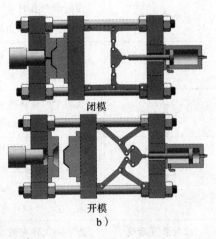

b）

图 2—2—4 合模系统的组成

a）框图 b）模型图

由于注入模具腔体的塑料熔体具有很高的压力，为了防止塑料熔体外溢并保证模具腔体严密闭合，要求合模系统能够产生足够的合模力（锁模力）。

### 3. 液压传动系统

液压传动系统是成型设备的动力系统。其作用是保证注射机能够按照预定的工艺过程要求（如压力、速度、温度、时间等）和动作顺序准确、有效地工作。

### 4. 电气控制系统

电气控制系统的作用是与液压传动系统相互协调，完成注射机的各项预定动作。

## 二、工作循环过程

注射机按照预定的塑料制品成型工艺要求，通过安装于注射机动模板和前模板（也称固定模板）间的注射模，按部就班地进行塑料制品成型工作。通常遵循"加料→加热塑化→充模→保压补缩→卸压→注射装置后退→脱模"的工作循环过程（图2—2—5），循环往复，不断生产出所需要的塑料制品，具体内容见表2—2—1。

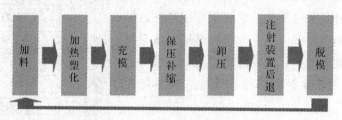

图2—2—5　注射机的工作循环过程

表2—2—1　　　　　　　　　　　注射机的工作循环过程

| 循环阶段 | 具体内容 |
| --- | --- |
| 加料 | 将粒状或粉状塑料原料加入到注射机料斗中，并由柱塞或螺杆带入料筒 |
| 加热塑化 | 塑料原料在料筒中经过加热、压实和混料等过程，由松散的原料转变成熔融状态，并具有良好的可塑性 |
| 充模 | 塑化好的熔体被柱塞或螺杆推挤至料筒前端，经过喷嘴、模具浇注系统进入并充满模具模腔 |
| 保压补缩 | 模具中的熔体冷却收缩，柱塞或螺杆迫使料筒中的熔料不断补充到模具中，以补充因收缩而出现的空隙，保持模具模腔内的熔体压力 |
| 卸压 | 当模具浇口处的熔体冻结后，系统卸压<br>保压后，柱塞或螺杆后退，模腔中压力解除。这时，模腔中熔料的压力将高于浇口前端的压力。如果此时浇口尚未冻结，型腔中的熔料就会通过浇口流向浇注系统，这个过程称为倒流。如果保压结束时浇口已经冻结，就不会存在倒流现象 |
| 注射装置后退 | 为下一次注射做准备 |
| 脱模 | 塑料制品冷却定型后，锁模机构开模，从模具中取出塑料制品 |

### 三、注射机分类

注射机的分类方法有多种。常用的分类方法有按外形特征分类（图2—2—6）；按塑料在料筒中的塑化方式分类，具体类型及特点见表2—2—2、表2—2—3。

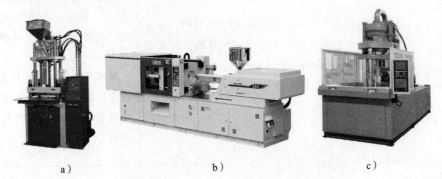

a) b) c)

图2—2—6 按外形特征分类的注射机

a) 立式注射机 b) 卧式注射机 c) 角式注射机

表2—2—2 按外形特征分类的注射机及特点

| 类型 | 结构特征 | 特点 | 说明 |
|---|---|---|---|
| 立式注射机 | 注射系统与合模系统的轴线一致并垂直于地面，且多为柱塞式结构 | 优点：占地面积较小；模具装卸方便；动模一侧安放嵌件便利<br>缺点：设备重心高、不稳定；加料比较困难；推出的塑料制品需要用人工或其他方法取出，不易实现自动化生产等 | 注射量一般小于60 cm³ |
| 卧式注射机 | 注射系统与合模系统的轴线都呈水平布置，注射系统有柱塞式和螺杆式两种结构之分，注射量60 cm³及以上的均为螺杆式 | 优点：设备重心低，比较稳定；操作、维修方便；塑料制品推出后可利用其自重自动落下，便于实现自动化生产等<br>缺点：模具安装比较困难 | 应用最广泛，对大、中、小型模具都适用 |
| 角式注射机 | 注射系统与合模系统的轴线相互垂直，常见的角式注射机沿水平方向合模，沿垂直方向注射，其注射系统一般为柱塞式结构，采用齿轮齿条传动或液压传动 | 它的优点介于卧式、立式注射机之间：结构比较简单，可利用开模时的丝杠转动对有螺纹的塑件实现自动脱卸<br>缺点：机械传动无法准确可靠地注射和保持压力及锁模力，模具受冲击和振动较大 | 注射量较小，一般小于45 cm³ |

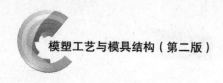

表 2—2—3　　　　　按塑料在料筒中的塑化方式分类的注射机及特点

| 类型 | 注射工作过程 | 说明 |
|---|---|---|
| 柱塞式注射机 | 注射柱塞直径为 20～100 mm 的金属圆杆。当其后退时，物料自料斗定量地落入机筒内；柱塞前进，原料通过机筒与分流梭的腔内，将塑料分成薄片，均匀加热，并在剪切作用下塑料进一步混合和塑化，并完成注射 | 多为立式注射机。注射量小于 30～60 g，适用于不易成型，流动性差、热敏性强的塑料<br><br>柱塞式注射机由于自身结构特点，在注射成型中存在塑化不均、注射压力损失大等问题 |
| 螺杆式注射机 | 螺杆在机筒内旋转时，将料斗内的塑料卷入，逐渐压实、排气和塑化，将塑料熔体推向机筒的前端，存积在机筒顶部与喷嘴之间；螺杆本身受熔体的压力而缓慢后退。当积存的熔体达到预定的注射量时，螺杆停止转动，在液压缸的推动下，将熔体注入模具 | 多为卧式压力机 |

其他的分类方法还有：按设备加工能力的大小，注射机可分为超小型注射机、小型注射机、中型注射机和大型注射机；按注射机的用途，注射机可分为通用注射机、专用注射机（如热固性塑料注射机、发泡塑料注射机、排气注射机、高速注射机和多色注射机、精密注射机、气体辅助注射机等）。

## 四、型号选用及操作方式

### 1. 注射机的选用

（1）注射机型号及主要技术规范

注射机型号主要有三种标准表示方法：注射量表示、合模力表示、注射量与合模力同时表示。它们是注射机工作能力的表示。

按照有关的国家标准和行业标准规定，注射机型号中，字母 S 表示塑料机械；Z 表示注射机；X 表示成型；Y 表示螺杆式（无 Y 表示柱塞式）。

常用注射机技术规范及特性见表 2—2—4。

（2）注射机的选用与参数校核

注射机的选用涉及两方面内容：第一，确定注射机型号，使注射机规格参数满足塑料、塑料制品、注射模具及注射工艺等要求；第二，调整注射机技术参数，直至满足所需要求。其具体过程包括以下三个步骤：

表 2—2—4                          常用注射机技术规范及特性

| 项目 \ 型号 | XS-ZS-22 | XS-Z-30 | XS-Z-60 | XS-ZY-125 | G54-S200/400 | SZY-300 | XS-ZY-500 | XS-ZY-1000 | SZY-2000 | XS-ZY-4000 |
|---|---|---|---|---|---|---|---|---|---|---|
| 额定注射量（cm³） | 30、20 | 30 | 60 | 125 | 200~400 | 320 | 500 | 1 000 | 2 000 | 4 000 |
| 螺杆直径（mm） | 25、20 | 28 | 38 | 42 | 55 | 60 | 65 | 85 | 110 | 130 |
| 注射压力（MPa） | 75、115 | 119 | 122 | 120 | 109 | 77.5 | 145 | 121 | 90 | 106 |
| 注塑行程（mm） | 130 | 130 | 170 | 115 | 160 | 150 | 200 | 260 | 280 | 370 |
| 注射方式 | 双柱塞式 | 柱塞式 | | | | 螺杆式 | | | | |
| 锁模力（kN） | 250 | 250 | 500 | 900 | 2 540 | 1 500 | 3 500 | 4 500 | 6 000 | 10 000 |
| 最大成型面积（cm²） | 90 | 90 | 130 | 320 | 645 | | 1 000 | 1 800 | 2 600 | 3 800 |
| 最大开合模行程（mm） | 160 | 160 | 180 | 300 | 260 | 340 | 500 | 700 | 750 | 1 100 |
| 模具最大厚度（mm） | 180 | 180 | 200 | 300 | 406 | 355 | 450 | 700 | 800 | 1 000 |
| 模具最小厚度（mm） | 60 | 60 | 70 | 200 | 165 | 285 | 300 | 300 | 500 | 700 |
| 喷嘴圆弧半径 | 12 | 12 | 12 | 12 | 18 | 12 | 18 | 18 | 18 | |
| 喷嘴孔直径（mm） | 2 | 2 | 4 | 4 | 4 | | 3、5、6、8 | 7.5 | 10 | |
| 推出装置形式 | 四侧设有推出装置，机械推出 | 中心设有推出装置，机械推出 | 两侧设有推出装置，机械推出 | 动模板没有推出装置，机械推出 | 中心及两侧设有推出装置，机械推出 | | 中心液压推出装置，两侧顶杆机械推出 | | | |
| 动定模固定板尺寸（mm） | 250×280 | | 330×340 | 428×458 | 532×634 | 620×520 | 700×850 | 900×1 000 | 1 180×1 180 | |
| 拉杆空间（mm） | 235 | | 190×300 | 260×290 | 290×368 | 400×300 | 540×440 | 650×550 | 760×700 | 1 050×950 |
| 合模方式 | 液压—机械 | | | | | | 两次动作液压式 | 液压—机械 | 两次动作液压式 | |

1）根据塑料的品种、塑料制品的结构、成型方法、生产批量、现有设备及注射工艺，选择注射机类型。

2）根据以往的经验和注射模具大小，初步选择注射机型号。

3）进行注射机参数校核，以满足生产的要求。要完成六个工艺参数的校核，主要有最大注射量校核、注射压力校核、锁模力校核、装模部分尺寸校核、开模行程校核、推出机构校核，具体校核要求见表2—2—5。

表2—2—5　　　　　　　　　　　　注射机参数校核及要求

| 校核参数 | 校核要求 |
|---|---|
| 最大注射量 | 塑料制品连同浇注系统凝料在内的质量一般不应大于注射机的公称注射量的80% |
| 注射压力 | 注射机的公称注射压力要大于塑料制品成型时所需要的注射压力 |
| 锁模力 | 高压塑料熔体充满模腔时产生的推力应小于等于注射机的额定锁模力。否则，将产生溢料现象 |
| 装模部分尺寸 | 校核内容有喷嘴尺寸、定位孔尺寸、模具闭合厚度（包括最大模具厚度、最小模具厚度）、模板的安装螺孔尺寸，具体尺寸要求略 |
| 开模行程 | 塑料制品从注射模具中取出时所需的开模距离必须小于注射机的最大开模距离，否则塑料制品无法从模具中取出 |
| 推出机构 | 推出机构形式的校核包括：中心顶杆机械推出、两侧双顶杆机械推出、中心顶杆液压推出与两侧双顶杆机械推出、中心顶杆液压推出与其他辅助油缸联合作用 |

例：如图2—2—7所示为某底座零件，材料为ABS，拟采用注射工艺成型（一模两件），其注射机选用过程及相关内容说明见表2—2—6。

图2—2—7　底座零件

### 2. 注射机的操作方式

注射成型是一个按照预定顺序进行周期性动作的过程。注射机通常有4种操作方式：调整、手动、半自动和全自动。

（1）调整操作

调整又称为点动，是为装卸注射模具、螺杆或检修注射机而设置的。在调整方式下，注射机的所有动作都必须在按住相应按钮开关的情况下慢速进行；放开按钮，动作停止。

（2）手动操作

手动方式是为试模或开始阶段试生产而设置的操作方式，在自动生产有困难时也可采用。手动操作时，按动相应的按钮便进行相应的动作，直至动作完成才停止。

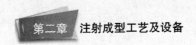

表2—2—6                     底座零件成型用注射机的选用示例

| 过程 | | 内容及说明 |
|---|---|---|
| 注射量估算 | | 为确定注射机型号，需要计算底座零件的塑料制品用料。经采用 UG 软件建模分析，并将浇注系统流道凝料的质量按塑料制品 0.6 倍估算，注射量大约为 90 cm³ |
| 注射机型号初选 | | 根据注射量大小，结合企业现有设备情况，初步选择 XS – ZY – 125 型注射机<br><br>查得该型号注射机的主要参数如下：<br>公称注射量　　　125 cm³<br>公称注射压力　　120 MPa<br>公称锁模力　　　900 kN<br>最大成型面积　　320 cm²<br>模具最大厚度　　300 mm<br>模具最小厚度　　200 mm<br>拉杆空间　　　　260 mm×290 mm |
| 参数校核* | 最大注射量 | 注射机的公称注射量为 125 cm³，其 80% 为 100 cm³，超过预估的注射量 90 cm³，满足要求 |
| | 注射压力 | 一般来说，塑料熔体在模腔内的平均压力为 20~40 MPa，而所选注射机的公称注射压力为 120 MPa，远远超过底座零件的塑料制品成型所需的实际注射压力 |
| | 锁模力 | 经采用 UG 软件建模分析，底座零件的塑料制品和浇注系统在分型面上的投影面积约为 4 800 mm²，故高压塑料熔体充模时产生的最大推力为 4 800×40 = 172 000 N = 172 kN，大大低于所选注射机的公称锁模力 900 kN |

*示例中略去装模部分尺寸、开模行程、推出机构校核。

（3）半自动操作

半自动操作是指注射机安全门关闭后，注射成型工艺过程中的各个动作按照一定的顺序自动进行，直至取出塑料制件为止。半自动操作可减轻操作人员的劳动强度，避免因操作错误引起事故的发生。

（4）全自动操作

全自动操作是指注射机的操作过程全部由自动控制装置按照编制的程序进行控制，操作过程自动往复进行，直至取出塑料制件为止。全自动操作方式最佳，可大大提高生产效率。

# 第三章

# 注射成型模具结构

# 第一节 结 构 组 成

注射成型模具（图3—1—1）是完成注射成型工艺所使用的工艺装备。它的结构选用对塑料制品的成型起着极其关键的作用。结构合理、成型可靠、制造可行、操作简便、经济实用是模具结构选择的基本要求。

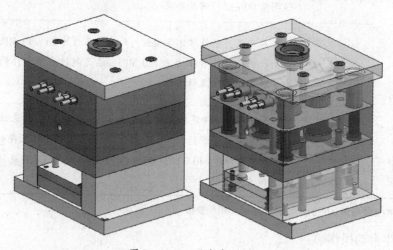

图3—1—1 注射成型模具

## 一、基本结构组成

注射模具的结构是由所选注射机的形式和塑料制品的复杂程度等因素决定的。注射模具的基本结构由定模和动模两大部分组成，如图3—1—2所示。两部分的接触面为分型（模）面。

通常情况下，注射模具采用固定式结构。如图 3—1—3 所示，注射机固定模板（前模板）中心有一个起定位作用的基准孔，孔中心与注射机料筒和喷嘴中心一致。定模部分通过定位圈等定位在注射机的固定模板上，并用垫板、螺钉压紧或用螺钉固定；动模部分则通过垫板、螺钉压紧或用螺钉固定在注射机的动模板上。注射成型时，通过动模部分的移动，完成开模或合模动作。

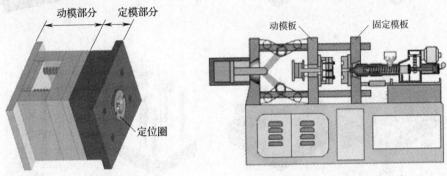

图 3—1—2　注射模具基本结构　　　　图 3—1—3　注射模具安装示意

## 1. 零部件

每副注射模具都由许多零部件构成，一般可将这些零部件分为成型零部件和结构零部件两大类，如图 3—1—4 所示。

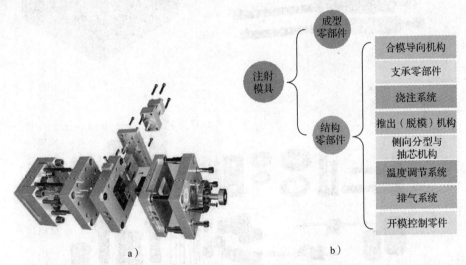

图 3—1—4　注射模具零部件构成

a）爆炸图　b）零部件分类

成型零部件构成模具模腔。它们的作用是成型时形成塑料制品的形状和尺寸。结构零部件构成模具的完整结构。它通常包含以下几个组成部分：合模导向机构、支承零部件、浇注系统、推出（脱模）机构、侧向分型与抽芯机构、温度调节系统、开模控制零件、排气系统等。其结构示例如图 3—1—5 所示。其中，侧向分型与抽芯机构是非必需的零部件。

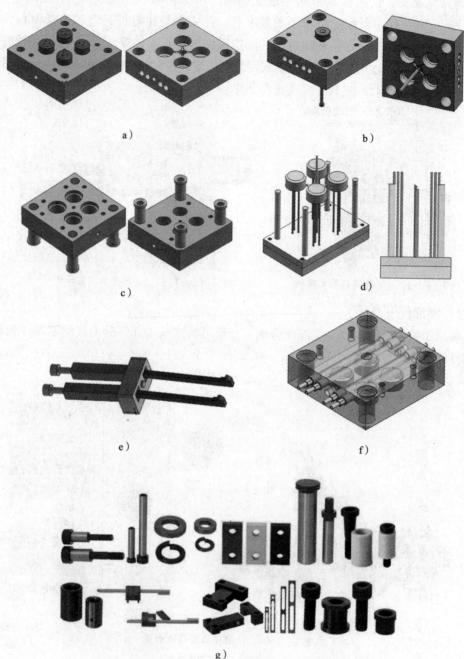

图 3—1—5　注射模零部件示例

a）成型零件　b）浇注系统零件　c）合模导向零件　d）推出机构零件

e）侧向分型与抽芯机构零件　f）温度调节系统零件　g）开模控制零件

## 2. 注射模架

合模导向机构与支承零部件通常合称为注射模架（又称为模胚）。注射模架是注射模具的骨架。任何注射模具都是以注射模架为基础，再添加成型零部件和其他必要的功能结构零件构成。

典型的注射模架（点浇口）如图3—1—6所示。主要由定模座板、定模板、动模板、支承板、垫块、推杆固定板、推板、动模座板、导柱和导套等零件组成，具体见表3—1—1。

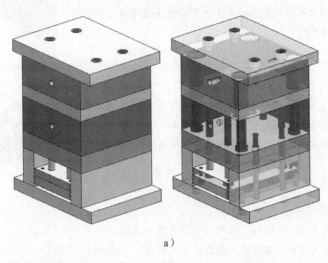

a）

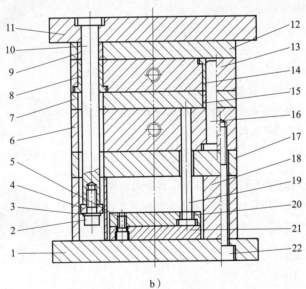

b）

图3—1—6 典型注射模模架（点浇口）

a）3D模型 b）结构图

1—动模座板 2、5、22—内六角螺钉 3—弹簧垫圈 4—挡环 6—动模板 7—推件板 8、14—带头导套

9、15—直导套 10—拉杆导柱 11—定模座板 12—推料板（水口推板）

13—定模板 16—带头导柱 17—支承板 18—垫块

19—复位杆 20—推杆固定板 21—推板

表 3—1—1                           注射模架主要组成零件

| 模架零件 | 相关说明 | 图例 |
|---|---|---|
| 定模座板和动模座板 | 定模座板也称面板或上固定板，俗称 T 板；动模座板也称底板或下固定板，俗称 L 板。它们是动模和定模的基座，也是注射模与成型设备连接的模板 | T板     L板 |
| 定模板和动模板 | 定模板也称前模板或上模板，俗称 A 板；动模板也称后模板或下模板，俗称 B 板。它们是固定成型零部件导向零部件的模板，又称为固定板 | A板     B板 |
| 支承板 | 支承板也称承板，俗称 U 板，它是垫在固定板背后的模板，用以防止被固定连接脱出，并传递成型压力 | U板 |
| 垫块 | 垫块也称方铁，俗称 C 板，其作用是使动模支承板与动模座板之间形成推出机构运动的空间，或调节模具总高度以适应成型设备上模具安装空间对模具总高度的要求 | C板 |
| 推板和推杆固定板 | 推板也称底针板，俗称 F 板；推杆固定板也称面针板，俗称 E 板。配合其他零部件，以构成推出机构 | E板     F板 |
| 导柱和导套 | 保证动、定模合模时，正确定位和导向，并承受一定的侧向力，一般每副模具需要 2～4 个导柱和导套 | |

## 二、分类及典型结构

### 1. 注射模的分类

注射模的分类方法很多。按使用目的不同，注射模可分为普通模具和特殊模具，如图3—1—7所示。其他的分类方法及注射模具体种类见表3—1—2。

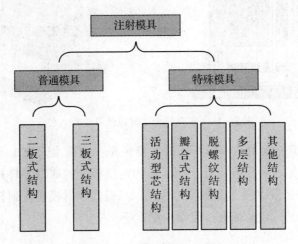

图3—1—7 按使用目的分类

表3—1—2　　　　　　　　　　注射模的其他分类方法及种类

| 分类方法 | 种类 |
| --- | --- |
| 按制品所用塑料分 | 热塑性塑料注射模、热固性塑料注射模 |
| 按所用注射机类型分 | 卧式注射机用注射模、立式注射机用注射模、直角式注射机用注射模 |
| 按模具安装方式分 | 移动式注射模、固定式注射模 |
| 按塑料制品尺寸精度分 | 一般注射模、精密注射模 |
| 按模具浇注系统分 | 冷流道模、绝热流道模、热流道模、温流道模 |

由于影响注射模结构的因素很多，实际上并不能简单地把所有注射模具按其总体结构划归分类，一些复杂模具可能会多种结构同时并存。

### 2. 典型结构介绍

尽管塑料注射成型模具结构多样，但其在工作原理和基本结构组成方面有着普遍规律和共同特点。其典型结构有二板式结构、三板式结构、侧向分型与抽芯结构、带有活动镶件结构、带有脱螺纹结构等。

（1）二板式注射模

1）结构特征

二板式注射模又称为单分型面注射模，其模架结构示意如图 3—1—8 所示。

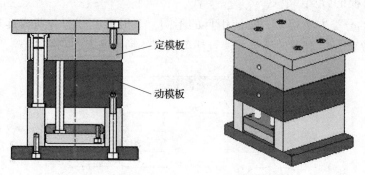

定模板

动模板

图 3—1—8　二板式注射模模架结构示意

"二板"是指定模板和动模板。其最大特征是：模具上只有 1 个将动、定模部分分开的分型面；模腔由开设或固定于动模板和定模板上的成型零件构成，成型零件通常都采用镶件结构（俗称前、后模仁）形式。二板式注射模是注射模具中最简单、最基本的结构形式。其适应性较强，因而应用广泛。

2）工作原理

图 3—1—9 所示为单腔结构的二板式注射模，即一模一件的二板式注射模。其模架只有一次开模动作。

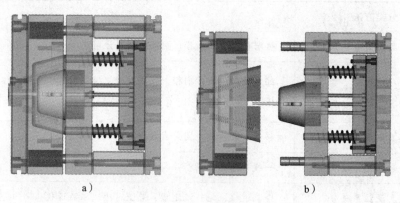

a）　　　　　　　　　　　　b）

图 3—1—9　单腔结构的二板式注射模

a）开模前　b）推出制品

工作原理：开模时，动模后退，模具从分型面分开，包裹在成型零件（型芯）上的塑料制品（连同浇注系统凝料）随动模部分一起右移而脱离成型零件（型腔）；移动一定距离后，通过注射机的顶杆及模具推出机构的作用，使塑料制品脱离型芯。

闭模时，通过注射机合模机构带动，在导柱和导套的导向定位作用下，动、定模闭合。

（2）三板式注射模

1）结构特征

三板式注射模又称为双分型面注射模，其模架结构示意如图3—1—10所示。

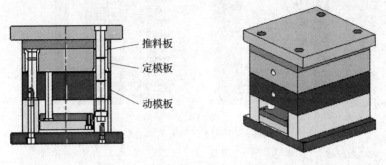

推料板

定模板

动模板

图3—1—10 三板式注射模模架结构示意

"三板"是指动模板、定模板和推料板（又称为水口推板，俗称F板）。与二板式注射模相比，其推料板和定模板可局部移动，定模板的上、下表面为2个分型面。

2）工作原理

三板式注射模具开启时，三板依次分离，经历三次开模动作。第一次，发生在定模板与推料板之间；第二次，发生在定模座板与推料板之间；第三次，发生在定模板和动模板之间。通过三次动作，浇注系统凝料（第二次开模）和塑料制品（第三次开模）分别在不同的分型面取出，如图3—1—11所示。

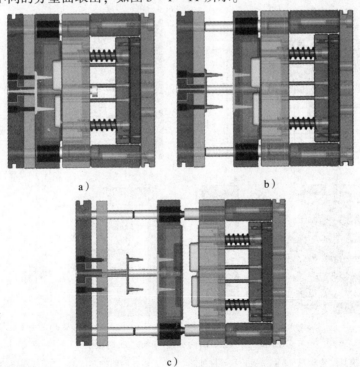

a）

b）

c）

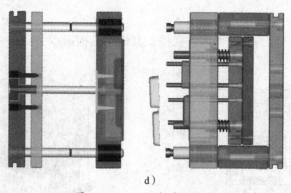

d）

图 3—1—11　三板式注射模

a）开模前　b）第一次开模　c）第二次开模　d）第三次开模

在实际生产中，可以采用弹簧分型定距拉杆（螺钉）、弹簧分型定距拉板、导柱定距、摆钩等开模控制零件分型动作。

（3）侧向分型与抽芯注射模

带有侧孔或侧凹（俗称倒勾结构）的塑料成型制品，为确保开模时顺利脱模，模具结构上必须采用可侧向移动的成型零件（如活动型芯），并且在塑料制品脱模前先将活动型芯抽出。

注射模上驱动活动型芯侧向移动的机构被称为侧向分型与抽芯机构。一般可采用斜导柱、斜滑块、弯销、斜导槽等进行活动型芯侧向移动的零件驱动。图 3—1—12 所示为侧向分型与抽芯注射模具结构及模具示例。

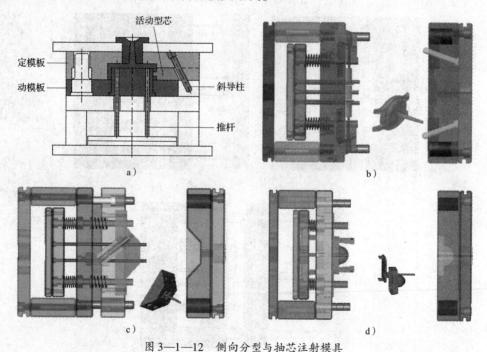

图 3—1—12　侧向分型与抽芯注射模具

a）模具结构示意　b）二板式斜导柱抽芯　c）二板式后斜抽芯　d）二板式斜顶抽芯

（4）带活动镶件的注射模

为了满足使用要求，有些塑料制品上有内侧凸、凹槽或螺纹孔等结构，如塑料瓶盖等。这些注射模的成型零件（型芯）一般需要进行特殊处理，如设置活动的对拼组合式镶块。这样，可以方便塑料制品成型，并避免采用机动脱螺纹形式的模具结构。图3—1—13所示为带活动镶件的注射模结构示意。

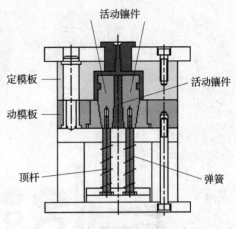

图3—1—13 带活动镶件的注射模结构示意

带活动镶件的注射模开模后，镶件将连同塑料制品一起从模具中被推出机构推出，在模外通过手工或专用工装把镶件和塑件分开。在实际应用中，为了不耽误生产，通常会准备多套活动镶件，以便交替使用。

（5）带自动脱螺纹结构的注射模

实际生产中，常见带螺纹结构的塑料制品。为了提高生产效率，大批量生产、精度要求不高的带螺纹塑件通常采用带自动脱螺纹结构的注射模具，如图3—1—14所示。

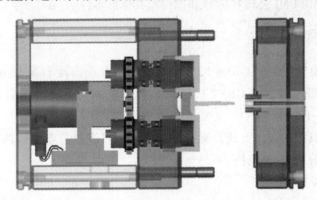

图3—1—14 带自动脱螺纹的注射模

这种类型的注射模的结构内部设置有可以转动的螺纹型芯（用于成型内螺纹）或型环（用以成型外螺纹）。开模时，利用注塑机的往复运动或旋转运动，或者设置专门的原动传动装置（如电动机、液压电动机等），带动螺纹型芯或型环转动，从而使塑料制品自动脱出。

# 第二节　标准模架及标准零件

由于注射模具的零部件有很多共同点，极大地方便了标准化工作的开展。实际生产中，标准模架和模具标准零件被广泛使用，如图3—2—1所示。

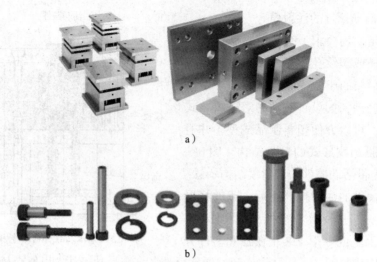

a）

b）

图 3—2—1    标准模架及标准零件示例

a）标准模架及模板    b）标准零件

目前，HASCO、DME、FUTABA、KLA 等是国际上较知名的注射标准模架品牌；也有许多企业（MISUMI 公司）生产和销售模具标准零件。

# 一、标准模架

《塑料注射模模架》（GB/T 12555—2006）为我国现行的国家标准，替代了《塑料注射模大型模架》（GB/T 12555.1—1990）和《塑料注射模中小型模架》（GB/T 12556.1—1990）。

按模架在模具中的应用方式，标准模架可分为直浇口与点浇口两种形式。按结构特征，标准模架分为 36 种结构。

## 1. 直浇口基本型模架

直浇口基本型模架分为 A 型、B 型、C 型、D 型，具体见表 3—2—1。

表 3—2—1    直浇口基本型模架

| 类型 | 图例及说明 |
| --- | --- |
| A 型 | 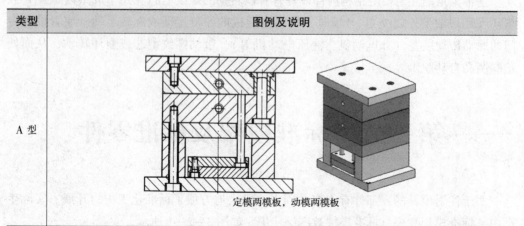<br>定模两模板，动模两模板 |

续表

| 类型 | 图例及说明 |
|------|-----------|
| B 型 | 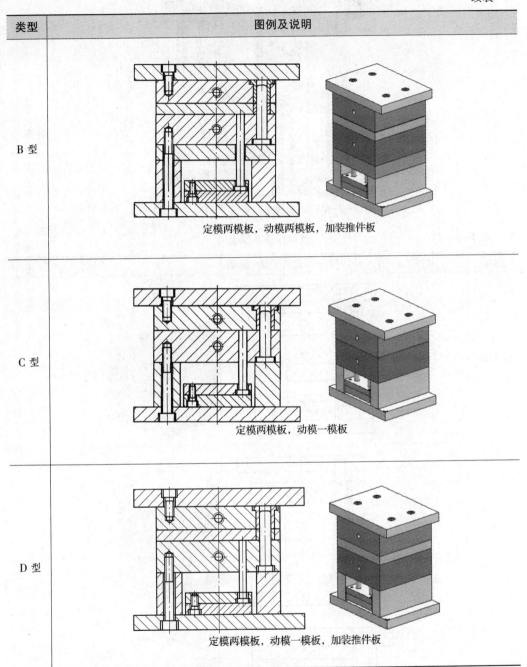 定模两模板，动模两模板，加装推件板 |
| C 型 | 定模两模板，动模一模板 |
| D 型 | 定模两模板，动模一模板，加装推件板 |

实际生产中，结合图例可以很快判断出标准注射模架的组合形式。如图 3—2—2 所示，注射模具模架为直浇口基本型模 B 型模架。

**2. 点浇口基本型模架**

点浇口模架是在直浇口模架上加装推料板和拉杆导柱形成。点浇口基本型模架分为 DA 型、DB 型、DC 型、DD 型，具体见表 3—2—2。

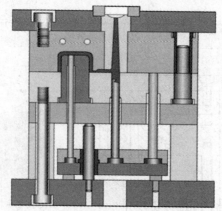

图 3—2—2　　注射模架组合形式判断（B 型）

表 3—2—2　　　　　　　　　　　　　　点浇口基本型模架

| 类型 | 图例 |
|------|------|
| DA 型 | |
| DB 型 | |
| DC 型 | |

续表

| 类型 | 图例 |
| --- | --- |
| DD 型 | 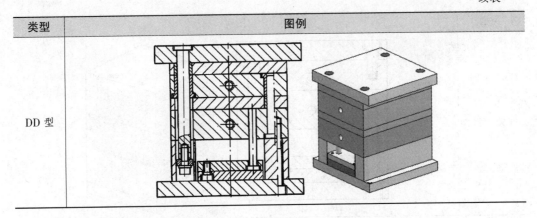 |

### 3. 模架的其他结构

模架的其他结构包括直浇口中的直身基本型（ZA 型、ZB 型、ZC 型和 ZD 型）、直身无定模座板型（ZAZ 型、ZBZ 型、ZCZ 型和 ZDZ 型），具体见表3—2—3。点浇口模架中的直身点浇口基本型（ZDA 型、ZDB 型、ZDC 型和 ZDD 型）、点浇口无推料板型（DAT、DBT、DCT 和 DDT）、直身点浇口无推料板型（ZDAT、ZDBT、ZDCT 和 ZDDT）和简化点浇口模架（JA、JC、ZJA、ZJC、JAT、JCT、ZJAT 和 ZJCT），它们的结构可参阅 GB/T 12555—2006。

表 3—2—3                                模架的其他结构（直浇口）

| 类型 | 图例 |
| --- | --- |
| ZA 型 | 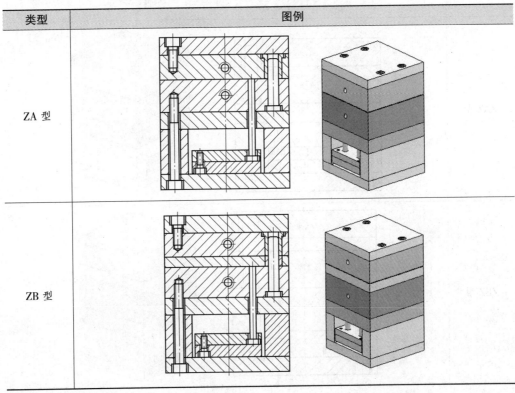 |
| ZB 型 | |

续表

| 类型 | 图例 |
|---|---|
| ZC 型 | 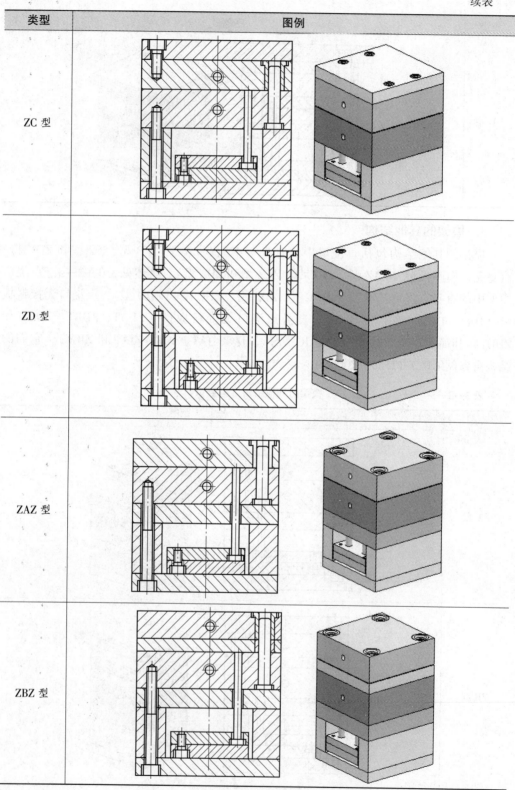 |
| ZD 型 | |
| ZAZ 型 | |
| ZBZ 型 | |

续表

| 类型 | 图例 |
|------|------|
| ZCZ 型 | 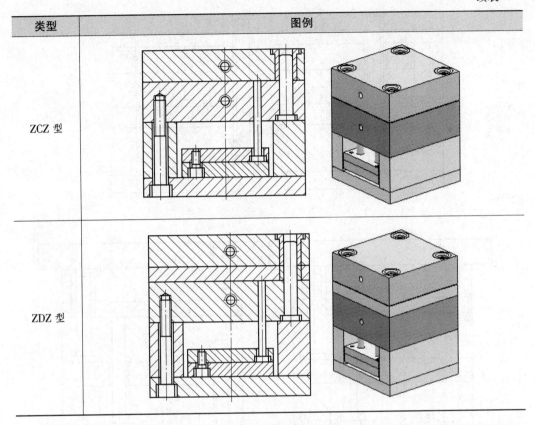 |
| ZDZ 型 | |

　　另外，根据使用要求，模架中的导柱（包括拉杆导柱）、导套可以有不同的安装形式；垫块可以增加螺钉单独固定在动模座板上；推板可以加装推板导柱及限位钉，模架中的定模板厚度较大时导套可以配装成相应结构。其示意如图3—2—3所示。

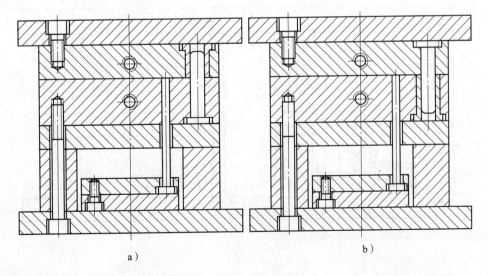

a ）　　　　　　　　　　　　　　　b ）

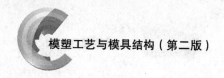
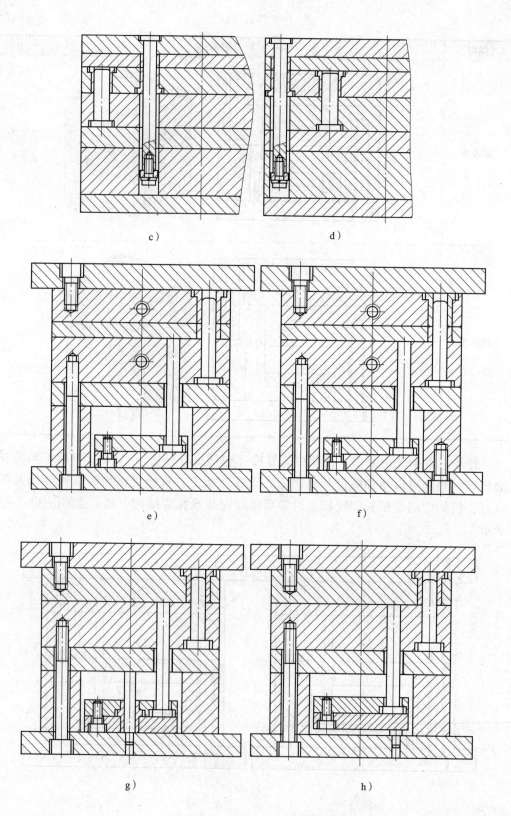

c ）

d ）

e ）

f ）

g ）

h ）

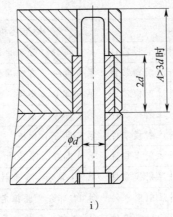

i)

图 3—2—3 模架示意

a）导柱导套正装 b）导柱导套反装 c）拉杆导柱在内 d）拉杆导柱在外

e）垫块与动模座板无固定螺钉 f）垫块与动模座板有固定螺钉

g）加装推板导柱 h）加装限位钉 i）较厚定模板导套结构

## 二、标准零件

模具标准零件（简称标准件）涵盖除成型零件外的模具固定、导向等方面的标准组件，包括推杆（顶杆）、导柱导套、复位杆、推管、定位圈、浇口套等。其部分示例如图 3—2—4 所示。

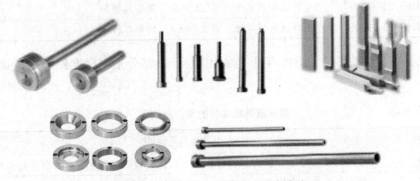

图 3—2—4 部分塑料模具标准零件

《塑料注射模零件》（GB/T 4169.1—2006 ~ GB/T 4169.23—2006）是注射模标准件的最新国家标准。该标准分为 23 个部分，具体见表 3—2—4。

表 3—2—4 　　　　　　　　　注射模零件国家标准一览表

| 标准代号 | 标准名称 |
| --- | --- |
| GB/T 4169.1—2006 | 塑料注射模零件 第 1 部分 推杆 |
| GB/T 4169.2—2006 | 塑料注射模零件 第 2 部分 直导套 |
| GB/T 4169.3—2006 | 塑料注射模零件 第 3 部分 带头导套 |

| 标准代号 | 标准名称 |
|---|---|
| GB/T 4169.4—2006 | 塑料注射模零件　第4部分　带头导柱 |
| GB/T 4169.5—2006 | 塑料注射模零件　第5部分　有肩导柱 |
| GB/T 4169.6—2006 | 塑料注射模零件　第6部分　垫块 |
| GB/T 4169.7—2006 | 塑料注射模零件　第7部分　推板 |
| GB/T 4169.8—2006 | 塑料注射模零件　第8部分　模板 |
| GB/T 4169.9—2006 | 塑料注射模零件　第9部分　限位钉 |
| GB/T 4169.10—2006 | 塑料注射模零件　第10部分　支承柱 |
| GB/T 4169.11—2006 | 塑料注射模零件　第11部分　圆锥定位件 |
| GB/T 4169.12—2006 | 塑料注射模零件　第12部分　推板导套 |
| GB/T 4169.13—2006 | 塑料注射模零件　第13部分　复位杆 |
| GB/T 4169.14—2006 | 塑料注射模零件　第14部分　推板导柱 |
| GB/T 4169.15—2006 | 塑料注射模零件　第15部分　扁推杆 |
| GB/T 4169.16—2006 | 塑料注射模零件　第16部分　带肩推杆 |
| GB/T 4169.17—2006 | 塑料注射模零件　第17部分　推管 |
| GB/T 4169.18—2006 | 塑料注射模零件　第18部分　定位圈 |
| GB/T 4169.19—2006 | 塑料注射模零件　第19部分　浇口套 |
| GB/T 4169.20—2006 | 塑料注射模零件　第20部分　拉杆导柱 |
| GB/T 4169.21—2006 | 塑料注射模零件　第21部分　矩形定位件 |
| GB/T 4169.22—2006 | 塑料注射模零件　第22部分　圆形拉模扣 |
| GB/T 4169.23—2006 | 塑料注射模零件　第23部分　矩形拉模扣 |

塑料注射模标准件的详细内容可参阅相关标准。部分重要标准件的用途及说明具体见表3—2—5。

表3—2—5　　　　　　　　　部分重要标准件的用途及说明

| 标准件 | 用途及说明 |
|---|---|
| 推杆 | 可改制成拉杆（如 Z 形拉料杆）或直接用作回程杆，也可作为推管的心杆使用 |
| 推板 | 用于支承推出复位零件，或用作推杆固定板等 |
| 垫块 | 调节推（顶）件的距离和模具高度<br>选用时，其长度方向一般应与模板长度方向一致 |
| 垫板 | 垫板高度主要取决于注射机行程和所需的推（顶）出距离 |
| 模板 | 主要用于各种板类零件（不包括推板及垫块），甚至可改制成大的型芯、镶块使用 |
| 支承柱 | 支承柱一般采用螺钉紧固于动模座板<br>在支承板较薄的情况下，有增强支承板的功能。在支承板与动模固定板之间合理布置支承柱，可改善支承板的受力状况 |
| 限位钉 | 用于支承推出机构和调节推出距离，并防止推出机构复位时受异物阻碍 |

# 第三节 成型零件

在注射模具中，成型零件直接与塑料接触。如图3—3—1所示，主要的成型零件包括型腔（又称为凹模）和型芯（又称为凸模），分别负责成型塑料制品的外表面和内表面，分别位于注射模具的定、动模部分。它们是注射模的核心部分，决定着塑料制品的几何形状和尺寸。

除此之外，成型零件还有螺纹型芯和螺纹型环（分别负责成型塑料制品上的内、外螺纹）、小型芯（负责成型塑料制品上小孔或小槽）等。

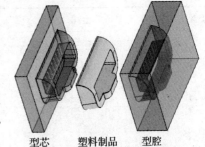

型芯　　塑料制品　　型腔

图 3—3—1　注射模成型零件及塑料制品

## 一、型腔和型芯的结构

由于型腔和型芯直接与高温、高压的塑料接触，并且在脱模时反复与塑料制品摩擦，因此要求它们具有足够的强度、刚度、硬度、耐磨性、耐腐蚀性及较高的表面质量。

根据塑料制品的需要，型腔和型芯可采用整体式或组合式的结构形式。

### 1. 整体式型腔和型芯的结构

整体式型腔和型芯是指直接在整块模板上分别加工出型腔、型芯形状的结构形式，如图3—3—2所示。通常，型腔加工在定模板上，型芯加工在动模板上。

整体式型腔和型芯具有牢固可靠、不易变形，成型的塑料制品不会产生拼接痕迹，外观质量较好的优点。但是，它们的缺点是：当塑料制品形状复杂时，其加工工艺性相对较差，热处理也不方便，消耗模具钢多等。通常，只有在成型形状简单的中、小型塑料制品时，才采用整体式结构。

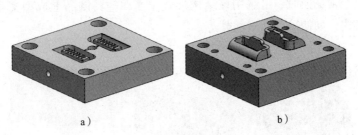

a)　　　　　　　　　　　　　b)

图 3—3—2　整体式型腔和型芯的结构
a) 整体式型腔　b) 整体式型芯

### 2. 组合式型腔和型芯的结构

随着对模具要求的提高，实际生产中更多采用组合式型腔和型芯的结构。所谓组合式型腔和型芯是指由两个或两个以上的零件组合而成的型腔和型芯结构。按组合方式的不同，组合式型腔和型芯可分为整体嵌入式、局部镶嵌式和四壁拼合式等结构。

（1）整体嵌入式结构

整体嵌入式结构是指型腔和型芯部分采用模仁形式（前模仁和后模仁），分别安装于前（定）、后（动）模板上的结构，具体见表3—3—1。

表3—3—1　　　　　　　　　　　　整体嵌入式型腔、型芯结构

| 嵌入方式 | 通孔台肩式 | 通孔无台肩式 | 盲孔式 |
|---|---|---|---|
| 图例 |  |  |  |
| 说明 | 型腔和型芯从底面嵌入带有挂台孔的模板，并安排支承板 | 型腔和型芯嵌入开设直通孔的模板，并安排支承板，通过螺钉加以固定（图例中略） | 型腔和型芯从顶面嵌入开盲孔的模板，并直接通过螺钉加以固定（图例中略）。该结构形式可省去支承板。此时，应考虑在模板上开设工艺通孔，以利于型腔和型芯的装拆 |

采用回转体外形的模仁成型非回转体塑料制品时，需要采取一定的止转措施，如采用销钉、键等零件。

（2）局部镶嵌式结构

局部镶嵌式结构如图3—3—3所示。为了保证制品加工方便，或由于型腔某部位容易磨损需要经常更换时，可采用该结构形式。当在塑料制品上成型文字或标识时也采用该结构形式，如使用日期章组件等。

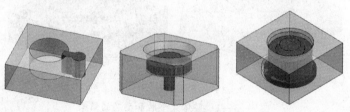

图3—3—3　局部镶嵌式结构

（3）四壁拼合式结构

大型或形状复杂的型腔可以采用四壁拼合式结构，即设计时将型腔分割为便于加

工和拼合的四壁和底部结构，如图 3—3—4 所示。为了保证型腔装配的准确性，型腔的侧壁间应采用锁扣连接，并在连接处外壁留有适当的间隙，使型腔内侧接缝紧密，减少成型时塑料的挤入。

不过，近年来随着塑料模具成型零件广泛采用数控机床加工，降低了结构复杂的整体式型腔和型芯的加工难度，降低了对钳工技术和经验的依赖。所以，应慎重选择成型零件的拼合式结构，以简化复杂型面的加工工艺，保证型腔和型芯的强度。

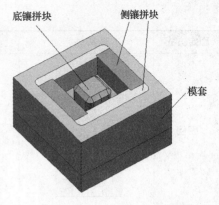

图 3—3—4 四壁拼合式结构

### 3. 小型芯结构

塑料制品上的小孔或槽通常采用小型芯来成型。根据成型孔的形状，小型芯可以分为圆形截面和异形截面。在设计思路上，小型芯通常单独制造，再嵌入模板或（大）型芯，如图 3—3—5 所示。

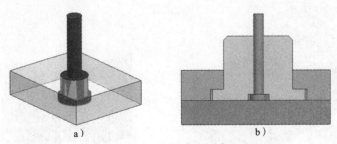

图 3—3—5 小型芯的设计思路

a) 小型芯嵌入模板 b) 小型芯嵌入大型芯

圆形截面小型芯有多种固定方式，如台肩固定、台阶式台肩固定、圆柱支承固定、螺栓固定、铆接固定方式等，具体见表 3—3—2。

表 3—3—2 圆形截面小型芯的固定方式

| 固定方式 | 台肩固定 | 台阶式台肩固定 | 圆柱支承固定 |
|---|---|---|---|
| 图例 |  |  |  |
| 说明 | 采用支承板（垫板）压紧 | 当型芯细小而固定板太厚时采用，可在固定板上减少配合长度 | 当型芯细小而固定板太厚时采用，在下端用圆柱体垫平 |

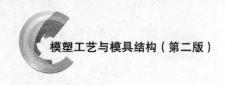
续表

| 固定方式 | 螺塞固定 | 铆接固定 | |
|---|---|---|---|
| 图例 | | | |
| 说明 | 固定板厚且无支承板（垫板）时采用 | 小型芯嵌入后在另一端进行铆接 | |

异形截面小型芯常采用两段结构形式，以方便制造。其中，型芯的连接固定段采用圆形截面，并用台肩和模板连接，如图3—3—6a所示；有时，也可以采用螺母紧固，如图3—3—6b所示。

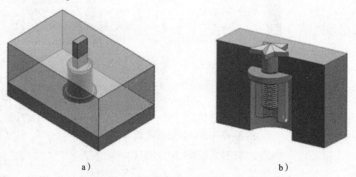

图3—3—6　异形小型芯的固定方式

a) 圆形连接固定段型芯　b) 用螺母紧固型芯

当多个小型芯排列间距较小且用台肩固定时，为避免重叠干涉，常采用拼接结构，如图3—3—7所示。

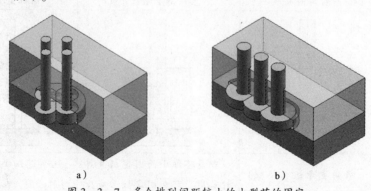

图3—3—7　多个排列间距较小的小型芯的固定

a) 棱形拼接　b) 平面拼接

## 二、螺纹型环和螺纹型芯的结构

螺纹型环和螺纹型芯是分别用来成型塑料制品上外螺纹和内螺纹的活动镶件。成型后，螺纹型环和螺纹型芯有两种脱卸方法：模内自动脱卸和膜外手动脱卸。根据需要，塑料制品上的螺纹还可以采用金属螺纹嵌件来成型。

### 1. 螺纹型环的结构

螺纹型环的结构如图 3—3—8 所示。整体式型环下端一般铣削成方形，以便成型后用扳手从塑料制品上拧下，如图 3—3—8a 所示。组合式型环由两个半环拼合而成，中间用导向销定位，塑料制品成型后，可用尖劈状卸模器楔入型环两边的楔形槽撬口内，使其分开，如图 3—3—8b 所示。

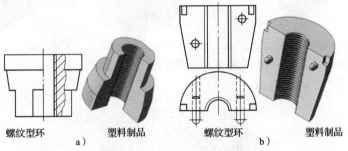

|螺纹型环|塑料制品|螺纹型环|塑料制品|
|:-:|:-:|:-:|:-:|
|a）| |b）| |

图 3—3—8　螺纹型环的结构
a）整体式　b）组合式

由于采用组合式型环时，成型的塑料外螺纹上会留下难以修整的拼合痕迹，因此该种结构只适用于精度要求不高的粗牙螺纹。

### 2. 螺纹型芯的结构

螺纹型芯通常采用活动镶件的结构形式安装在模具上。它需要满足两个要求：第一，成型时螺纹型芯定位可靠，不会因合模振动或塑料熔体冲击而移位；第二，开模时应能与塑料制品一起取出，且便于安装。螺纹型芯在模具上的安装形式见表 3—3—3。

表 3—3—3　　　　　　　　　螺纹型芯在模具上的安装形式

| 形式 | 锥面定位 | 大圆柱面定位 | 圆柱面定位 |
|:-:|:-:|:-:|:-:|
| 图例 | | | |

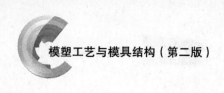

续表

| 形式 | 固定螺母嵌件接触面支承 | 固定螺母嵌件下端锥面支承 | 光杆型芯定位 |
|---|---|---|---|
| 图例 | 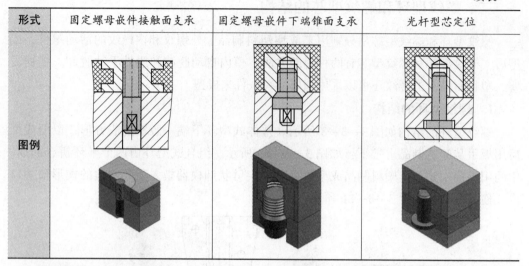 | | |

而批量大的螺纹塑料制品则通常采用蜗轮蜗杆、锥齿轮等机构进行模内自动脱模，其结构示意如图3—3—9所示。

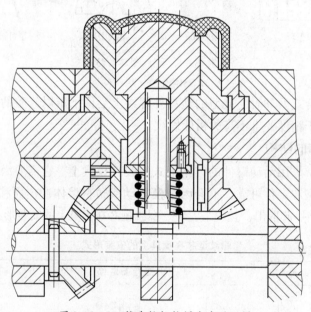

图3—3—9　锥齿轮机构模内自动脱模

# 第四节　浇注系统及排气系统

除模架、成型零件外，注射模具还要有浇注系统、排气系统、冷却系统和推出系统。其中，浇注系统是注射模特有的结构。注射模具浇注系统示例如图3—4—1所示。

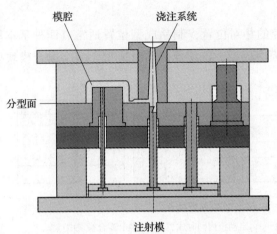

模腔　　　　　　　浇注系统

分型面

注射模　　　　　　　　　　　　　　　塑料制品

图 3—4—1　注射模具浇注系统示例

浇注系统的作用是将塑料熔体平稳地引入模具模腔，并在填充和固化定型过程中，配合排气系统顺利排出模腔内的气体，并将压力传递到模腔各个部位，从而获得组织致密、外形清晰、表面光滑、尺寸稳定的塑料制品。

# 一、分型面

浇注系统的开设与许多因素密切相关，其中分型面是一个主要因素。作为注射模具动模和定模的接触面，注射成型后的模腔将从分型面处打开，以取出在模具中成型的塑料制品及浇注系统凝料，如图 3—4—2 所示。

## 1. 类型与数量

为了满足制品形状的需要，分型面有平直、倾斜、阶梯和曲面等类型之分，如图 3—4—3 所示。注射模所需分型面的数量受塑料制品与模具结构的影响。有的注射模只需要一个分型面，如单分型面模具；有的注射模需要多个分型面，如双分型面模具等。

图 3—4—2　塑料制品及浇注系统

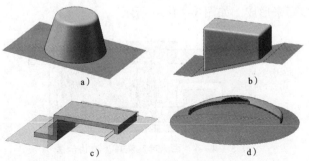

a)　　　　　　　　　　　　　　b)

c)　　　　　　　　　　　　　　d)

图 3—4—3　分型面形状

a）平直分型面　b）倾斜分型面　c）阶梯分型面　d）曲面分型面

## 2. 分型面与型腔的相对位置

根据分型面与成型塑料制品型腔的相对位置，制品成型位置通常有四种基本形式（成型类型），包括定模内成型、动模内成型、定动模内同时成型、多个瓣合模块中成型，如图3—4—4所示。

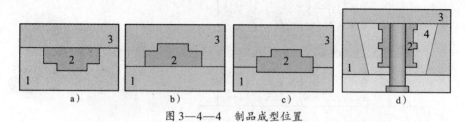

图3—4—4　制品成型位置

a) 动模内成型　b) 定模内成型　c) 定动模内同时成型　d) 多个瓣合模块中成型

1—动模　2—塑料制品　3—定模　4—瓣合模块

# 二、浇注系统

浇注系统可分为普通浇注系统和热流道浇注系统两大类。普通浇注系统一般由主流道、分流道、浇口、冷料阱（穴）四部分构成，如图3—4—5所示。特殊情况下，浇注系统可不设分流道和冷料阱。

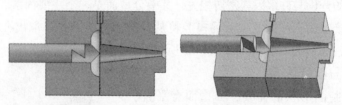

图3—4—5　浇注系统的结构组成

## 1. 浇注系统各部分的作用

（1）主流道

主流道是塑料熔体从注射机喷嘴与模具接触处开始至分流道为止的流动通道。主流道是塑料熔体首先流经模具的部分。它的大小直接影响熔体流动速度和充模时间。主流道通常由浇口套来形成，如图3—4—6所示。

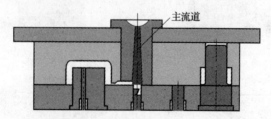

主流道

图3—4—6　主流道及浇口套结构示意

（2）分流道

分流道是塑料熔体在主流道与浇口之间的一段流动通道，如图3—4—7所示。它通常用于改变熔体的流动方向。在多模腔注射模中，分流道通常由一级、二级，甚至多级组成；分流道一般开设在分型面的两侧或一侧。

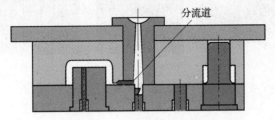

图3—4—7 分流道结构示意

（3）浇口

浇口是将塑料熔体引入模腔的细小通道，位于分流道末端与模腔之间，如图3—4—8所示。浇口是塑料熔体进入模腔的最后通道，也是浇注系统中最短小的部分。浇口既能使熔体产生加速，形成理想的流动状态而充满模腔；同时，又易于冻结其内的熔体，防止模腔内熔体的倒流；还便于成型后的制品与浇注系统凝料的分离。

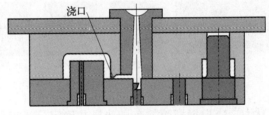

图3—4—8 浇口结构示意

（4）冷料阱

冷料阱一般设置在流道的末端（如主流道对面的动模板上），如图3—4—9所示。它用于存储注射间歇时在注射机喷嘴前端产生的冷料，防止冷料进入模腔，影响制品的质量。

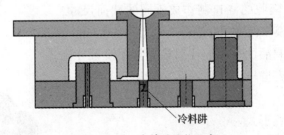

图3—4—9 冷料阱结构示意

**2. 浇注系统各部分的结构形式**

（1）主流道结构形式

主流道通常有整体式、组合式、镶入式三种结构形式，如图3—4—10所示。

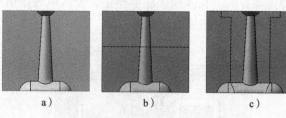

图3—4—10 主流道的结构形式

a) 整体式 b) 组合式 c) 镶入式

整体式主流道在定模板上直接加工而成，是最简单的主流道结构，常用于简单的注射模具。组合式主流道开设于两块模板上，在装配时应避免两块模板错位而影响脱模。镶入式主流道则是以镶套（浇口套）的形式镶入定模板中，适用于所有注射模具。它是被普遍采用的主流道结构。

（2）分流道结构形式

分流道一般开设在分型面上。分流道截面有圆形、U形、梯形、半圆形及矩形等形式，如图3—4—11所示。

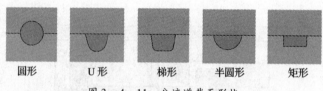

圆形　　U形　　梯形　　半圆形　　矩形

图3—4—11 分流道截面形状

在多模腔注射模具中，应根据模腔的布局选择并确定分流道的布置形式。分流道的布置形式分为平衡式和非平衡式两类，如图3—4—12所示。采用平衡式布置形式时，从主流道到分流道的长度、形状、截面尺寸必须对应相等，以达到各模腔的热平衡和塑料流动平衡。采用非平衡式布置形式时，主流道到各模腔的分流道长度各不相同。为了使各模腔同时均衡进料，需将各模腔的浇口制作成不同的截面尺寸，并在试模时通过修模来保障同时进料。

a)

成型小型塑料制品的单模腔注射模通常不设置分流道。但是，如果分流道较长，则需要在分流道的末端开设冷料阱。

（3）浇口的结构形式

浇口可分为大浇口（非限制性浇口）和小浇口（限制性浇口）两类。大浇口又称为直接浇口，它无分流道，由主流道直接进料，具体见表3—4—1。小浇口可以分为侧浇口、点浇口、潜伏式浇口等，具体见表3—4—2。

b)

图3—4—12 分流道布置形式

a) 平衡式 b) 非平衡式

表 3—4—1　　　　　　　　　　　　　大浇口的种类、特点及适用

| 名称 | 直接浇口 | 中心浇口 |
|---|---|---|
| 图例及说明 | 又称为主流道型浇口 | 是直接浇口的变异形式。根据制品的形状大小，还可以有多种变异形式，如盘形、轮辐式、爪形等 |
| 特点 | 塑料熔体通过主流道直接进入型腔 | 沿制品内孔的圆周进料 |
| 适用 | 单腔模具可采用，适用于成型深腔的壳形或箱形塑料制品，不适合成型平薄或容易变形的塑料制品 | 一般用于单腔模具，适用于圆筒形、圆环形或中心带孔制品的成型 |

表 3—4—2　　　　　　　　　　　　小浇口的种类、位置、适用及后处理

| 形式 | 侧浇口 | | |
|---|---|---|---|
| 名称 | 边缘浇口 | 扇形浇口 | 薄片浇口 |
| 图例 | | 侧浇口的变异形式 | 侧浇口的变异形式 |
| 位置、适用及后处理 | 是被广泛采用的一种浇口形式，通常采用矩形截面形状<br>位置：一般开设在分型面上，从制品的内侧或外侧边缘进料<br>适用：用于多腔模<br>后处理：开模时，浇口与制品一起脱模，要进行后续处理；在制品侧面会留有痕迹 | | |
| 形式 | 重叠式浇口 | 点浇口 | |
| 名称 | 搭接式浇口 | 针浇口（或橄榄形浇口、菱形浇口） | |
| 图例 | | | |

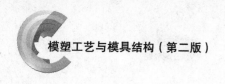
续表

| 位置、适用及后处理 | 是侧浇口的改良，可减少侧浇口所产生的流痕<br>位置：一般设在分型面上，从型腔外侧进料<br>适用：适合于外观面不允许有浇口痕迹的所有塑胶制品，PVC、PU 塑料制品不宜采用<br>后处理：搭接式浇口黏附在成品的表面，须要特别小心去除浇口瑕疵 | 是一种尺寸很小的特殊形式的直接浇口。模具相对复杂，应采用双分型（三板式）结构<br>位置：一般是在产品顶面进料<br>适用：可应用于各种形式的制品，常用于自动化生产<br>后处理：开模时，制品与浇口自动分离，不需要后续处理；但在制品外表面会留下痕迹 |
|---|---|---|

| 形式 | 潜伏式浇口 | |
|---|---|---|
| 名称 | 隧道式浇口（或剪切浇口） | |

| 图例 | 潜前模式 | 潜后模式 | 潜顶杆模式 |
|---|---|---|---|

| 位置、适用及后处理 | 由点浇口演变而来<br>位置：其流道设置在分型面上，浇口常设在制品侧面不影响外观的较隐蔽部位，并与流道成一定角度。根据需要，浇口可开设在定模、动模或推杆上等<br>适用：主要用于成型高表面质量要求制品的多腔模 | | |
| | 后处理：开模时，制品与浇口自动分离，不需后续处理；在制品外表面进料；但是，在制品外表面会留下痕迹 | 后处理：开模时，制品与浇口自动分离，不需要后续处理，不影响制品外观；但是，制品上必须具有合适的进料位置 | 后处理：开模时，制品与浇口自动分离，不影响制品外观；但是，模具结构上要添加一辅助的顶杆，且有一部分浇口要后处理 |

（4）冷料穴的结构形式

冷料阱不但具有容纳冷料确保制品质量的作用，而且还具有便于脱模的功能（在开模时将浇注系统凝料钩住，使其留在动模一侧）。设置在主流道末端的冷料阱通常与拉料杆配合使用。因此，冷料阱的形式不仅与拉料杆有关，而且还与主流道中的凝料脱模形式有关。常见的冷料阱及拉料杆形式见表3—4—3。

表3—4—3 冷料阱及拉料杆形式

| 形式 | 钩形（Z形）拉料杆（阱） | 锥形或沟槽拉料杆（阱） | 球形头拉料杆（阱） | 分流锥形拉料杆（阱） |
|---|---|---|---|---|
| 图例 | 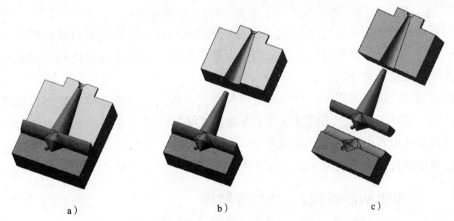 | | | |
| 说明 | 最常用的一种形式，开模时主流道凝料被其拉出，推出后常需人工取出而不能自动脱落 | 适于弹性较好的塑料成型，能实现自动化脱模 | 常用于弹性较好的塑料制件并采用推（件）板脱模的场合，能实现自动化脱模。但是，球头部分加工较困难 | 适用于中间有孔又采用中心浇口的场合。为增加锥面与凝料间的摩擦力，可采用小锥度或将锥面做得粗糙些 |

有时，还可以采用无拉料杆冷料阱。无拉料杆冷料阱是在正对主流道的动模上开设一个锥形凹坑，并在坑壁上钻一个浅孔，如图3—4—13c所示。开模时，靠浅孔将凝料从主流道孔中拉出，在推出机构作用下拉料头脱出浅孔，如图3—4—13所示。

图3—4—13 无拉料杆冷料阱结构及应用

a）合模注射 b）拉出凝料 c）推出凝料与塑料制品

## 三、排气系统

塑料熔体充模时，将受到很大的气体阻力。这些气体包括浇注系统和模腔内的空气，以及塑料因受热或凝固而产生的挥发气体等。排气系统的作用是将上述气体迅速排出，以提高成型效率，并保证制品的质量要求。

注射模排气系统由模具零件间的配合间隙、排气槽、排气元件等组成。排气槽一般开设在分型面上。如图3—4—14a所示为开设在动模板上的排气槽。排气元件是将具有通气微孔的特殊材料装入衬套（通常为不锈钢材料）中而制成的零件，如图3—4—14b所示。使用排气零件，可以使模腔内的气体通过微孔快速排出。为了防止通气微孔堵塞，在塑料制品成型生产过程中需定期对排气元件进行维护和保养。

图3—4—14　排气槽和排气元件
a）排气槽　b）排气元件

# 第五节　推　出　机　构

在塑料注射成型的每次循环中，必须将塑料制品及浇注系统凝料从分型后的注射模具中推出。这个推出塑料制品的机构称为推出机构，又称为脱模机构。推出机构是注射模的四大系统之一。

推出机构一般由推出、复位、导向零件组成。推出机构的动作方向与模具的开模方向一致。模具开模时，动模退至一定距离，机械顶杆或活塞杆推动推出机构使制品连同浇注系统凝料一起脱模，如图3—5—1所示。推出机构的动作通常由安装在注射机上的机械顶杆或液压缸的活塞杆来完成。

## 一、推出机构的组成、分类及结构

### 1. 组成

一般情况下，推出机构由推杆、复位杆、推杆固定板、推板、拉料杆等零件构成，如图3—5—2所示。必要时，推出机构还可设置推板导柱、推板导套，以提高推出机构的刚性。

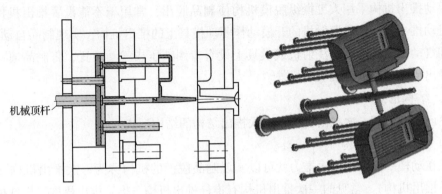

图 3—5—1　注射模推出机构示意

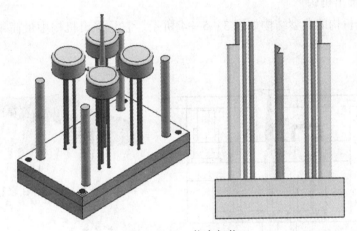

图 3—5—2　推出机构

## 2. 分类

实际生产中，推出机构可以根据动力来源、模具结构特征、推出机构结构特征等进行分类，如图 3—5—3 所示。

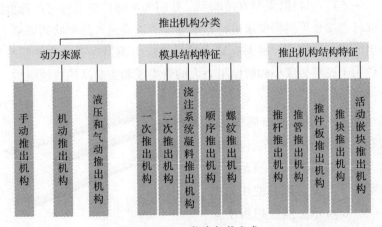

图 3—5—3　推出机构分类

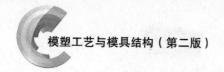

手动推出机构采用人工操纵脱模机构使制品脱出，常用于不能设置推出机构的模具。机动推出机构依靠注射机的开模动作驱动模具上的推出机构，实现制品自动脱模。液压和气动推出机构则在注射机或模具上设有专用液压或气动装置，将制品通过模具上的推出机构推出或将其吹出模外。

**3. 结构形式**

下面主要介绍一次推出机构、二次推出结构的结构形式。

（1）一次推出机构

凡在动模一侧施加一次推力就可以实现制品脱模的机构称为一次推出机构（又称为简单推出机构）。常见的一次推出机构有推杆推出机构、推管推出机构、推件板推出机构、多元推出机构等形式。

1）推杆推出机构

推杆推出机构的典型结构如图 3—5—4 所示。它是推出机构中最简单、最常见的一种形式。

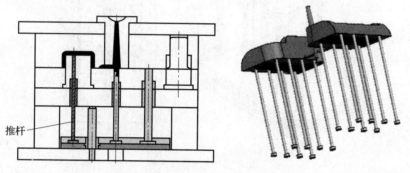

图 3—5—4　推杆推出机构的典型结构

推杆是推出零件，其截面大部分为圆形，这样容易达到与模板或型芯上推杆孔的配合精度。推杆推出时运动阻力小，动作灵活、可靠，损坏后便于更换。推杆属于标准件（图 3—5—5），可根据需要直接购买。截面为半圆形的推杆可用标准圆形推杆改制。另外，推杆前端也可根据要求进行追加加工，以满足产品形状的要求。

由于推出面积一般较小，易引起较大的局部应力而顶穿制品或使制品变形，推杆推出机构很少用于脱模斜度小和脱模阻力大的管类或箱类制品的脱模机构。

2）推管推出机构

推管推出机构是用来推出圆筒形、环形制品或带孔制品的一种推出机构。其脱模运动方式和推杆相同，只是在推管中间需固定一个与型芯配套使用的型芯，如图 3—5—6 所示。推管相当于空心推杆，脱模时其整个周边接触制品，

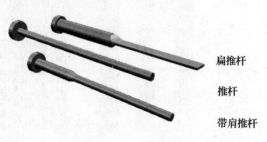

扁推杆

推杆

带肩推杆

图 3—5—5　推杆标准件

力量均匀，制品不易变形，也不会留下明显的推出痕迹，特别适合于小直径管状制品或制品上凸孔部分的脱模。

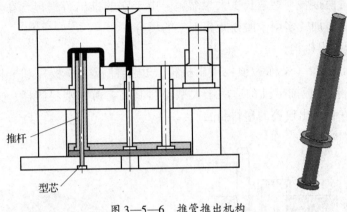

图 3—5—6　推管推出机构

推管推出机构通常有三种结构形式：长推管（又称为长型芯型）、开槽推管和接力推管（又称为短型芯型），如图 3—5—7 所示。

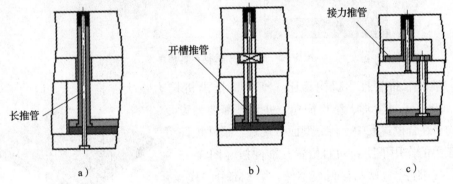

图 3—5—7　推管推出机构的结构形式
a) 长推管　b) 开槽推管　c) 接力推管

长推管是最简单、常用的结构形式，型芯穿过推板固定于动模座板。它是标准件（GB/T 4169.17—2006），结构如图 3—5—8 所示。这种结构的型芯较长，可兼作推出机构的导向柱，多用于推出距离不大的场合。

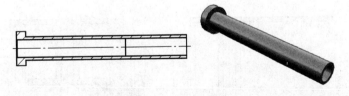

图 3—5—8　标准件推管结构

开槽推管采取型芯用销或键固定在动模板上的结构。其轴向开有一个长槽，以容纳与销（或键）相干涉的部分。槽的位置和长度视模具结构和推出距离而定，一般应

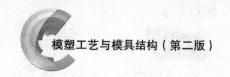

略长于推出距离。这种结构的型芯较短，模具结构紧凑，但是由于型芯紧固力小，适于受力不大的型芯。接力推管采用型芯固定于动模垫板的结构，推管可在动模板内滑动。这种结构可使推管与型芯长度大为缩短。由于它的推出行程包含在动模板内，会造成动模板厚度增加，多用于脱模距离不大的场合。

3）推件板推出机构

推件板推出机构（又称为顶板顶出机构）由推件板（模板）和推杆组成，如图3—5—9所示。推件板推出机构适用于大型塑料制品、薄壁塑料容器、壳形塑料制品以及表面不允许有推出痕迹的塑料制品。

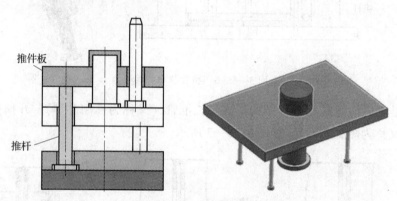

图3—5—9　推件板推出机构示意

与推杆、推管推出机构相比，推件板推出机构力量大、推出受力均匀、运动平稳、制件不易变形、结构简单，并且不需要另设复位机构。在合模过程中，待分型面一接触，推件板即可在合模力的作用下回到初始位置。推件板（图3—5—10）是标准件，《塑料注射模零件　第8部分：模板》（GB/T 4169.8—2006）中A型模板规定其尺寸规格。

图3—5—10　推件板

4）多元推出机构及其他

生产实际中，经常会遇到深腔壳体、薄壁、凸台或带有金属嵌件等的复杂塑料制品，如果采用单一结构的推出机构很难保证制品质量。这时，就要采用多元推出机构，即采用两种或两种以上的推出元件对制品进行推出，如图3—5—11所示。

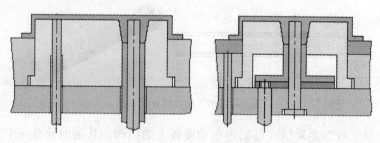

图3—5—11　多元推出机构

另外，有些制品由于结构形状等因素，还可采用成型嵌件（如顶块）带出制品（图3—2—12），或采用型腔（如螺纹型环）带出制品。

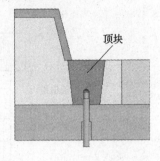

图3—5—12 顶块顶出机构

（2）二次推出机构

成型薄壁深腔制品或形状复杂制品等在一次推出动作完成后，制品仍难以脱模。此时，应增加一次推出动作，以确保制品的脱落。这种完成两次推出动作的推出机构就是二次推出机构。有时为避免一次推出制品受力过大造成变形甚至破裂，也可采用二次推出机构。具有二次推出机构的注射模的结构示意如图3—5—13所示。

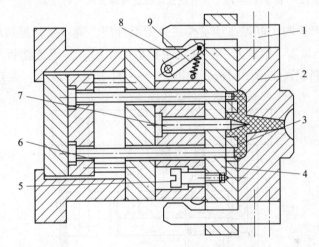

图3—5—13 具有二次推出机构的注射模的结构示意图
1—拉杆 2—定模板 3—制件 4—动模型腔 5—定距螺钉 6—复位杆
7—拉料杆 8—摆块 9—弹簧

二次推出机构采用的推出元件（如推杆、推管、推件板等）与一次推出机构所采用的推出元件相同，区别在于其推出方式发生改变。在注射模中，二次推出机构通常采用的推出方式有摆块拉杆式、拉钩式、U形限制架式、八字摆杆式、斜楔拉钩式和液（气）压缸式等。

（3）浇注系统凝料推出机构

在注射成型生产中，为了提高生产自动化程度，不仅要求制品自动脱模，而且要求浇注系统凝料也能自动脱落。除点浇口和潜伏浇口外，其他形式的浇口的浇注系统凝料与制品通常是连在一起脱模。解决点浇口和潜伏浇口浇注系统凝料自动脱落问题的关键，在于浇口与制品的自动切断。因此，在采用点浇口和潜伏式浇口的注射模中，常采用前端部分为倒扣形状的拉料杆（销）来实现上述要求，如图3—5—14所示。

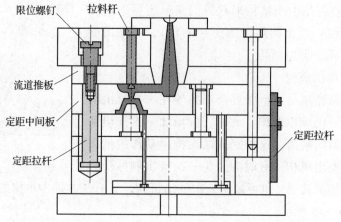

图 3—5—14　具有浇注系统凝料推出机构的模具

工作过程：开模时，首先在动定模主分型面分型，浇口凝料被拉料杆拉断，如图 3—5—14a 所示；接着，继续开模，在定距拉板的作用下，流道推板与定模中间板分型，浇注系统凝料脱离定模中间板，如图 3—5—15b 所示；最后，在定距拉杆和限位

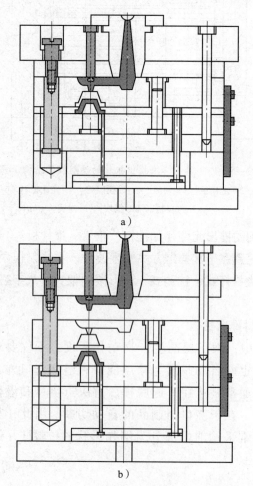

a)

b)

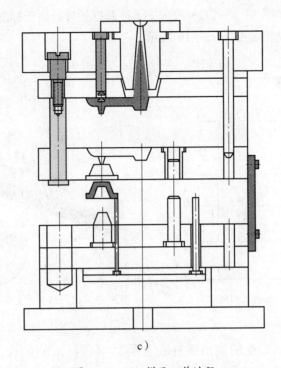

c)

图 3—5—15　模具工作过程

a）浇口凝料拉断　b）浇注系统凝料脱离　c）浇注系统凝料脱出

螺钉的作用下，推流道板与定模座板分型，浇注系统凝料从浇口套和拉料杆上脱出，如图 3—5—15c 所示。

根据塑料种类、成型周期、成型条件等因素，推出机构可以采用不同类型的拉料杆，如图 3—5—16 所示。拉料杆属于标准件，可从市场上购得（如 MISUMI 模具用零件）。另外，必要时还可配套使用拉料杆衬套。

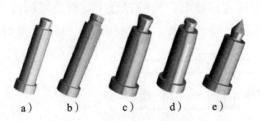

图 3—5—16　不同类型的拉料杆

a）直杆标准型　b）直杆锁料型　c）锥度标准型　d）锥度锁料型　e）直杆笔锥型

## 二、推出机构的导向与复位

### 1. 导向

在推出机构中，如果推杆较细，固定它的模板容易使其弯曲，以致推杆推出时动作不够灵活，甚至折断。因此，需要给推杆设置导向零件（支承柱和推板导套），且一般不少于两对，如图3—5—17所示。支承柱和推板导套属于标准件，使用时可按要求选用和购买。其结构如图3—5—18所示。

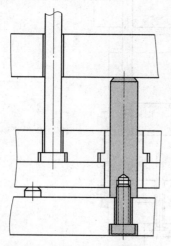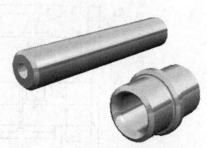

图3—5—17　推出机构的导向　　　　图3—5—18　标准件支承柱和推板导套

### 2. 复位

为了确保推出机构中的推出零件在合模后回到原来的位置，准备进行下次的注射成型，推出机构中通常还设有复位零件。复位零件一般采用复位杆（标准件，GB/T 4169.13—2006）或复位弹簧。

（1）复位杆复位

复位杆（又称为回程杆）是最简单、常用的复位零件，安装在推杆固定板上，如图3—5—19所示。复位杆为圆形截面，每副模具一般设置4根复位杆，其位置一般对称设置在推杆固定板的四周，以便推出机构在合模时能平稳复位。复位杆端面设置在动、定模的分型面上。开模时，复位杆与推出机构一同推出。合模时，复位杆先与定模分型面接触，在动模向定模逐渐合拢的过程中，推出机构被复位杆顶住，从而与动模产生相对移动直至分型面合拢，推出机构就回到原来的位置。

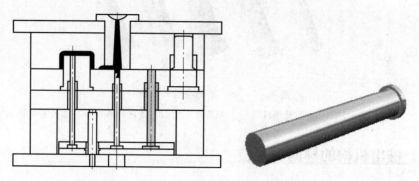

图3—5—19　复位杆复位

（2）复位弹簧复位

复位弹簧复位如图3—5—20所示。使用弹簧回复力使推出机构复位，结构简单。

弹簧复位一般先于合模动作完成，但是必须注意弹簧要有足够的弹力。对模具中的复位弹簧应定期检查，并及时更换失效的弹簧。

复位弹簧

图 3—5—20　复位弹簧复位

# 第六节　侧向抽芯机构

注射成型时，若成型制品带有侧凹（俗称倒勾）或侧孔，开模时固化后的塑料制品就会因型芯的干涉而无法正常脱模，这时就要借助于侧向分型与抽芯机构，如斜导柱侧向分型与抽芯机构、斜顶侧向分型与抽芯机构等，将成型侧凹或侧孔的型芯，在塑料制品脱模之前先从侧凹或侧孔中抽出。

侧向抽芯机构（图 3—6—1）可分为外侧抽芯机构和内侧抽芯机构两大类，其中，斜导柱侧向抽芯机构主要适用于外侧面抽芯场合，斜导杆侧向抽芯机构主要适用于内侧面抽芯场合。

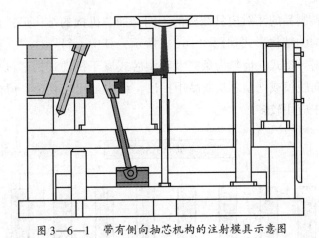

图 3—6—1　带有侧向抽芯机构的注射模具示意图

## 一、组成及结构形式

### 1. 组成

抽芯结构通常由五个部分构成：成型元件（成型面）、运动元件（滑块）、传动元件（斜导柱）、锁紧元件（锁紧块）和限位元件（挡块），如图 3—6—2 所示。

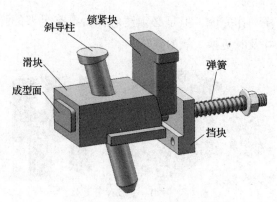

图 3—6—2　抽芯机构示意图

抽芯机构各组成部分的作用与功能见表 3—6—1。

表 3—6—1　　　　　　　　抽芯机构各组成部分的作用与功能

| 组成部分 | 作用与功能 | 组成部分 | 作用与功能 |
|---|---|---|---|
| 成型元件 | 成型塑料制品的侧孔、侧凹等 | 锁紧元件 | 在注射模具合模后，压紧运动元件，防止其产生位移 |
| 运动元件 | 连接并带动成型零件运动 | 限位元件 | 保证运动元件在开模后的正确位置 |
| 传动元件 | 带动运动元件运动 | | |

## 2. 结构形式

由于成型塑料制品的注射模具结构的不同，抽芯机构的结构形式也有所不同，常见的侧向抽芯机构的结构形式如图 3—6—3 所示，其中，斜导柱式、斜导杆式、弯销式、斜滑块式、斜导槽式、齿轮齿条式及活型芯式属于机动式抽芯机构，它们利用开模运动使模具侧向脱模或把型芯从制品中抽出，结构虽比较复杂，但操作方便，生产效率高，在生产中应用较多。

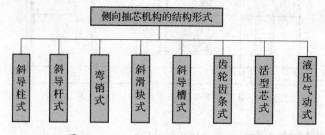

图 3—6—3　侧向抽芯机构的结构形式

在要求抽芯力和抽芯距都较大的情况下，可考虑采用液压或气动式抽芯机构。另外，在新产品试制或小批量生产时，可考虑采用如图 3—6—4 所示的手动式侧向抽芯机构，它采用内六角螺栓丝杠抽芯。

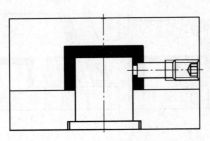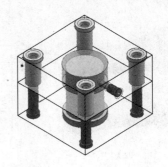

图3—6—4 手动式侧向抽芯机构

## 二、斜导柱侧向抽芯机构

斜导柱侧向抽芯机构是注射模中最为常用的侧向抽芯机构。该机构的优点是结构紧凑、动作安全可靠、加工制造方便。由于抽芯距和抽芯力受到模具结构的限制，它一般适用于抽芯距和抽芯力不大的场合。

### 1. 机构的组成

根据需要，斜导柱侧向抽芯机构可以由斜导柱、斜导柱固定座、斜导柱螺钉、斜导柱压板、滑槽（导轨）、耐磨板（滑板）、滑块、楔紧块、定位装置等零件组成，如图3—6—5所示，其零件与机构较为典型，且已实现专业化生产。

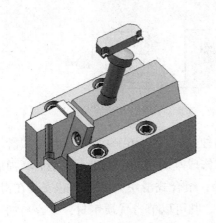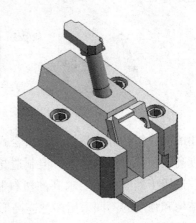

图3—6—5 机构的组成

（1）斜导柱

斜导柱是驱动侧型芯抽出的零件。开模时，斜导柱借助于开模力，与滑块产生相对运动，并在滑槽的导向下带动滑块（上有型芯）脱离倒勾，完成抽芯，如图3—6—6所示。

斜导柱端部通常做成锥台或半球形，为减小斜导柱与滑块斜孔之间的摩擦与磨损，可在斜导柱外圆周上铣出两个对称平面。根据需要，可从市场上直接购得斜导柱零件，例如MISUMI公司的标准型斜导柱、经济型斜导柱、内螺纹固定型斜导柱（配合用

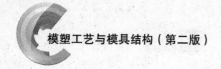

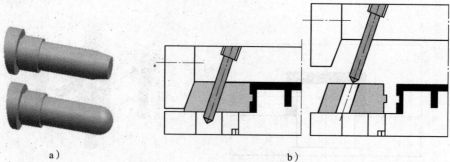

图3—6—6　斜导柱和开模动作示意

a）斜导柱　b）开模动作示意

斜导柱螺钉）、外螺纹固定型斜导柱、螺栓贯通固定型斜导柱，如图3—6—7所示。

图3—6—7　斜导柱零件

（2）滑块

滑块（图3—6—8）是斜导柱侧向抽芯机构中的一个重要零件。滑块上安装有侧型芯或成型镶块，注射成型时，塑料制品上有关尺寸的准确性和抽芯运动的可靠性都需要靠它来保证。

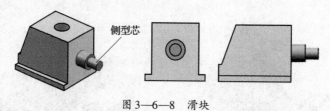

侧型芯

图3—6—8　滑块

常用的滑块结构分为整体式和组合式两种，如图3—6—9所示。整体式滑块具有结构强度高、稳定可靠的特点，但制造与维修成本高、加工困难，成型面磨损后需整体更换，适用于侧面成型要求高的塑料制品；组合式滑块则是将型芯安装在滑块上，可根据结构和强度的不同采用多种连接形式，既可以节省优质钢材，又容易加工，故被广泛应用。

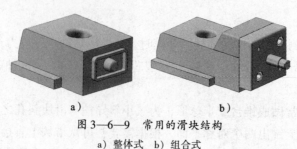

a）　　　　　　　　　b）

图3—6—9　常用的滑块结构

a）整体式　b）组合式

（3）滑槽（导轨）

在侧向抽芯过程中，滑块必须在如图3—6—10所示的滑槽内运动，并要求运动平稳且具有一定精度。滑槽的结构也分为整体式和组合式两种，它们的结构及特点见表3—6—2。

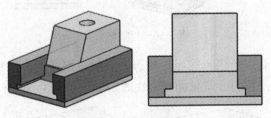

图 3—6—10 滑槽

表 3—6—2                                       滑槽的结构及特点

| 结构形式 | 整体式 | 组合式 |
|---|---|---|
| 图例 | | |
| 特点 | 滑槽直接加工在模板上，强度较高，不易松动，稳定可靠 | 滑槽单独加工后，再通过螺钉与模板组合 |

根据需要，也可从市场上直接购得滑块（导轨）零件，例如 MISUMI 公司的自润滑导轨（无槽型、导槽型），并配合使用自润滑滑板，如图3—6—11所示。

图 3—6—11 滑块零件及自润滑滑板

（4）楔紧块

楔紧块（图3—6—12）是合模时为了防止滑块受到注射压力而后退所设置的锁紧零件。楔紧块的强度、刚度及精度若得不到保证，将导致成型制品相关尺寸发生变化，或出现周边毛刺。

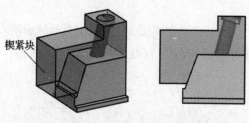

图 3—6—12　楔紧块

为了使抽芯机构有一个稳定的工作状态，必须在模具闭合后锁住滑块，以承受塑料给予滑块型芯端面的推力，常见的楔紧块固定形式如图 3—6—13 所示。

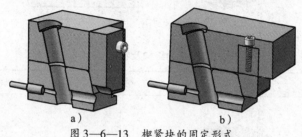

a）　　　　　　　　　　　b）

图 3—6—13　楔紧块的固定形式

a）固定在模板外　b）固定在模板内

（5）定位装置

定位装置如图 3—6—14 所示，其作用是在开模过程中用来保证滑块停留在刚刚脱离斜导柱的地方，不发生任何移动，以避免再次合模时斜导柱不能准确地插入滑块斜孔中。

定位装置的设计主要是定位装置形式的选择，相关内容见表 3—6—3。

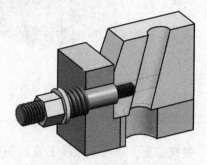

图 3—6—14　定位装置

表 3—6—3　　　　　　　　　　定位装置的形式

| 定位装置的形式 | 利用弹簧定位 | 利用滑块自重定位 |
|---|---|---|
| 图示 | 弹簧　　　滑块<br>限位挡块 |  |
| 说明 | 依靠弹簧使滑块停留在限位挡块上，适用于任何方向的抽芯动作 | 利用滑块自重依靠在限位挡块上，适用于向下抽芯的模具 |

续表

| 定位装置的形式 | 利用弹簧顶销定位 | 利用弹簧钢球定位 |
|---|---|---|
| 图示 | 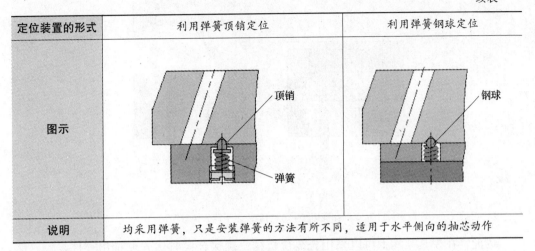 顶销<br>弹簧 | 钢球 |
| 说明 | 均采用弹簧，只是安装弹簧的方法有所不同，适用于水平侧向的抽芯动作 | |

需要指出的是，一般情况下，斜导柱、滑块、滑槽、楔紧块、定位装置等作为一套组件来使用，如图3—6—15所示为MISUMI公司的小型侧抽芯滑块组件。

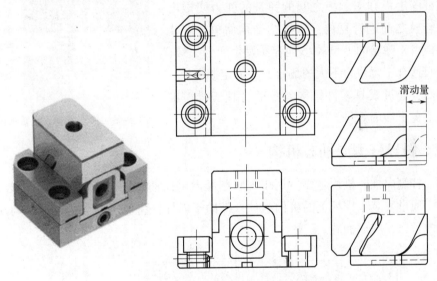

图3—6—15 小型侧抽芯滑块组件

## 2. 干涉现象的避免

从总体结构上来看，斜导柱侧向抽芯机构注射模有两种形式：一是斜导柱在定模、滑块在动模的结构；二是斜导柱在动模、滑块在定模的结构。

需要注意的是，对于应用非常广泛的第一种结构形式，如果采用推杆（或推管）推出机构并依靠复位杆使推出机构复位，很有可能出现滑块先于推出机构复位的现象，从而导致滑块上的侧型芯与模具中的推出零件发生碰撞，这就是所谓的干涉现象，如图3—6—16所示。

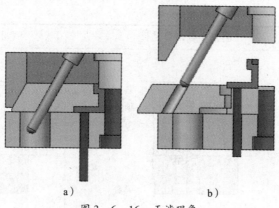

a )                    b )

图 3—6—16  干涉现象

a）合模状态  b）可能发生干涉的状态

为此，在模具结构上可以采用先复位机构，确保合模时优先使推出零件复位，然后才允许滑块复位。常用先复位机构有弹簧式先复位机构、楔杆三角滑块式先复位机构、楔杆摆杆式先复位机构、连杆式先复位机构等。

如图 3—6—17 所示为弹簧式先复位机构，它利用安装在推杆固定板和支承板之间的弹簧的弹力使推出机构在合模之前进行复位，该机构结构简单、安装方便，但由于弹簧的力量较小且容易发生疲劳失效，故一般只适合于复位力不大的场合，并需定期更换。

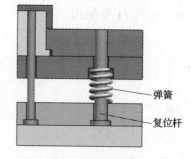

弹簧

复位杆

当然，通过模具零件结构参数的合理安排，也可达到避免干涉的效果。

图 3—6—17  弹簧式先复位机构

## 三、斜导杆侧向抽芯机构

斜导杆侧向抽芯机构主要适用于塑料制品内侧面抽芯场合，如图 3—6—18 所示，开模时，通过安装于推板上的机构组件，借助于斜导杆将成型制品内侧面倒勾形状的型芯斜向顶出，完成抽芯。

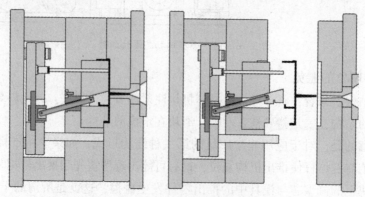

图 3—6—18  带有斜导杆侧向抽芯机构的注射模结构

### 1. 结构组成

斜导杆侧向抽芯机构已实现专业化生产，如图 3—6—19 所示为 MISUMI 组件，其中包括斜导杆、斜导杆固定座、导滑座、挡块、自润滑板等，可根据成型制品的凹凸形状来选择，且其行程量可进行调节。

图 3—6—19 斜导杆侧向抽芯机构组件及使用示意

### 2. 安装方式

根据使用需要，斜导杆侧向抽芯机构能从推板上下两个方向进行安装，具体方式见表 3—6—4。

表 3—6—4 斜导杆侧向抽芯机构的安装方式

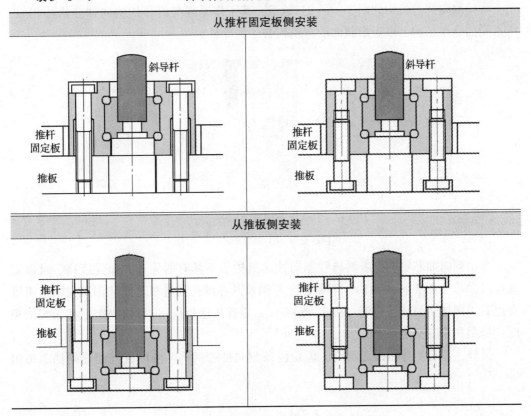

### 四、其他侧向抽芯机构

**1. 斜滑块侧向抽芯机构**

斜滑块侧向抽芯机构如图3—6—20所示，其特点是利用推出机构的推力，驱动滑块斜向运动，在制品被推出脱模的同时，由滑块完成侧向抽芯动作。

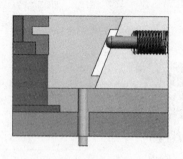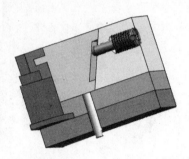

图3—6—20　斜滑块侧向抽芯机构示意

当制品的侧凹较浅，所需的抽芯距不大，但侧凹的成型面积较大，需要较大的抽芯力时可以考虑采用斜滑块侧向抽芯机构。斜滑块侧向抽芯机构既可用于外侧抽芯，也可用于内侧抽芯。

**2. 弯销（方形斜导柱）侧向抽芯机构**

弯销侧向抽芯机构如图3—6—21所示，其工作原理与斜导柱侧向抽芯机构相似，所不同的是在结构上以矩形截面的弯销代替了斜导柱。

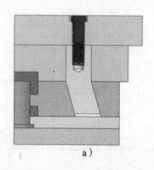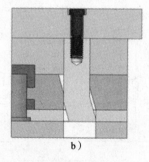

a)　　　　　　　　　　b)　　　　　　　　c)

图3—6—21　弯销侧向抽芯机构示意

a) 机构示意图　b) 延时抽芯　c) 弯销

弯销侧向抽芯机构有着斜导柱侧向抽芯机构所不具有的优点，如强度高、可以实现延时抽芯（图3—6—21b）。其缺点是弯销及其导滑孔制造相对比较困难，不过市场上也有不同规格尺寸的弯销（图3—6—21c）零件供选择使用，例如MISUMI公司的角度选择型和角度指定型。

另外，还有斜导槽抽芯机构、齿轮齿条侧向抽芯机构、液压或气动侧向抽芯机构等。

# 第七节　温度调节系统

塑料制品成型过程中，模温及其波动影响着制品的收缩、变形、强度、应力、表面质量等。模温过高，成型收缩率大，脱模后制品变形大，并且容易造成溢料和粘模；模温过低，塑料熔体流动性变差，制品轮廓不清晰，甚至可能不能充满型腔；模温不均匀，型芯、型腔温差过大，会导致制品收缩不均匀，引起变形，影响形状和尺寸精度。因此，模具中应设置温度调节系统，通过模具温度的控制，使制品有良好的质量和较高的生产效率。

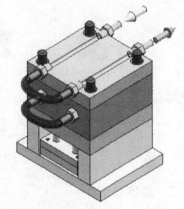

图 3—7—1　注射模冷却系统模型示意

通常，为防止塑料制品的高温分解，注射成型时不要求有太高的模温，模具温度低时只要注射几次就可以将模具温度提高，因此，在中小型注射成型模具上一般可不设加热系统，而只需设置冷却系统，如图 3—7—1 所示。

## 一、冷却系统

### 1. 常见结构形式

由于制品形状各异，冷却水路的结构形式也不相同。注射模具中常见冷却水路的样式有外部直通式、平面回路式、隔板式、喷流式等，如图 3—7—2 所示。

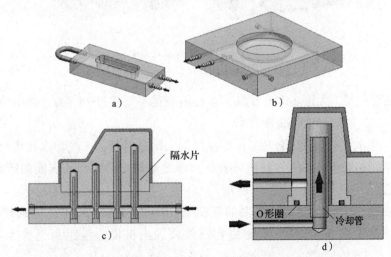

图 3—7—2　冷却水路样式

a) 外部直通式　b) 平面回路式　c) 隔板式　d) 喷流式

外部连接的直通式水路最为简单，它采用水管接头和橡胶管将模内管道连接成单路或多路管道，这种形式加工方便，适合于较浅的型腔；平面回路式则适合于较浅的型腔，特别是圆形件型腔；对于较高的拱形制品，采用隔板式水路可取得很好的冷却效果；喷流式冷却水路则用于带有嵌件的型芯冷却。其中，隔水片、冷却管、O形圈、止水塞等冷却相关零件如图 3—7—3 所示。

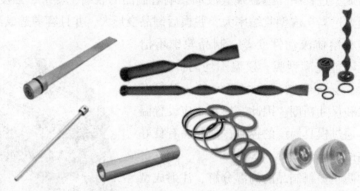

图 3—7—3　隔水片、冷却管、O 形圈和止水塞

## 2. 基本要求

（1）在满足冷却所需的传热面积和模具结构允许的前提下，冷却水孔的数量应尽可能多，水孔直径应尽可能大，如图 3—7—4 所示。

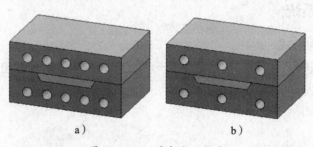

图 3—7—4　冷却水孔数量

a）冷却速度快　b）冷却速度慢

需要注意的是，无论多大的模具，水孔的直径不要超过 14 mm，否则冷却水难以成为湍流状态，以致降低热交换效率。

（2）冷却水孔的布置应合理，成型壁厚均匀的塑料制品，冷却水孔离型腔表面的距离应相等；成型壁厚不均匀的塑料制品，厚处冷却水路到型腔表面的距离应近些，间距也应适当小些，如图 3—7—5 所示。

一般来说，水孔边至型腔表面的距离为 10 ~ 15 mm，水孔直径取 6 ~ 12 mm，孔距最好为孔径的 3 ~ 5 倍，水孔边到镶件或顶出机构边沿距离至少 3 ~ 5 mm 以上。

（3）冷却水路出入口的布置应注意两点：一是浇口处应加强冷却，二是冷却

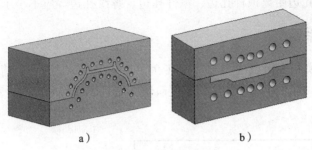

图 3—7—5 冷却水孔布置

a) 与塑料制品轮廓吻合 b) 厚壁处加强冷却

水路的出、入口温差应尽量小。这是因为塑料熔体在充填模腔时浇口附近温度最高，距离浇口越远，温度就越低。冷却水路出入口布置示意如图 3—7—6 所示。

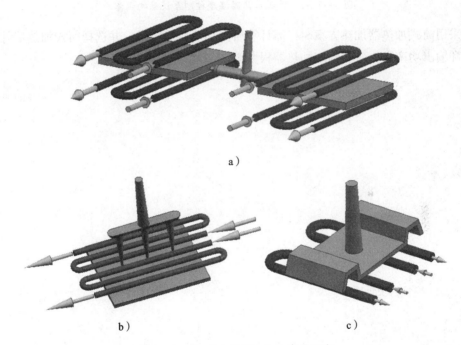

图 3—7—6 冷却水路出入口布置示意

a) 侧浇口 b) 多点浇口 c) 直接浇口

（4）冷却水路应尽量沿着塑料制品收缩方向设置，尤其是对于成型聚乙烯、聚丙烯等收缩率大的塑料制品。

（5）冷却水路的布置应避开塑料制品易产生熔接痕的部位，这是因为塑料制品易产生熔接痕处本身温度就比较低，如果再在此处设置冷却水路，会加剧熔接痕的产生。

（6）冷却水孔通过镶件时，应加密封圈以防止漏水。

（7）冷却水孔应避免与其他零件发生干涉。

（8）冷却水孔边距离顶杆孔边、镶件孔边、螺纹孔边等应不小于 5 mm。

## 二、加热系统

当注射模具模腔表面温度要求控制在 90～200℃时，广泛采用筒式加热器进行温度控制，如图 3—7—7 所示。该结构不仅简便，而且能在短时间内升温。

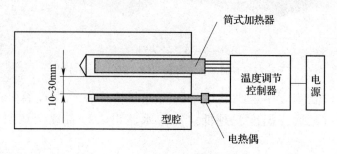

图 3—7—7　筒式加热器温度控制系统结构示意

采用筒式加热器加热方案时，需计算所需加热器热容量，并选择筒式加热器外径、长度和输出功率数，还要确定加热器根数等。

# 第四章

# 其他塑料成型工艺与模具结构

塑料有很多种成型方法，除了广泛使用的注射成型，还有压缩成型、压注成型、挤出成型、吹塑成型等。

由于耐热性好、强度较高等性能特点，在电器产品中，热固性塑料的采用比比皆是，其应用示例如图4—0—1所示。鉴于熔体黏度高、流动性能差等成型特点，热固性塑料通常采用压缩或压注方法成型。

图4—0—1　热固性塑料制品示例

# 第一节　压缩成型工艺与模具结构

## 一、压缩成型工艺

压缩成型也称压制成型、压塑成型或模压成型，它是热固性塑料经常采用的成型方法。

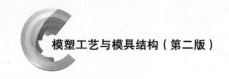
### 1．成型原理

压缩成型原理可通过图4—1—1加以说明。首先将热固性塑料原料加入敞开的模具（加料腔）内，然后闭合模具加热使塑料熔化，通过合模压力的作用，熔融状态的塑料充满模具模腔，并产生化学交联反应，逐步转变为硬化定型的塑料制品，最后脱模取出制品。

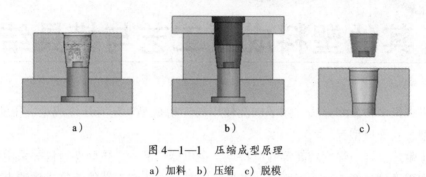

图4—1—1　压缩成型原理

a）加料　b）压缩　c）脱模

### 2．成型特性和工艺特性

在生产实际中，常用于压缩成型的热固性塑料有酚醛塑料、氨基塑料、有机硅塑料、环氧塑料、不饱和聚塑料、聚酰亚胺等，其中以酚醛塑料和氨基塑料的使用最为广泛。为了更好地成型热固性塑料制品，有必要熟悉与模具设计有关的工艺特性和成型特性。

（1）工艺特性

热固性塑料成型时，与模具设计有关的工艺特性主要包括收缩性、流动性和硬化特性，以及塑料中的水分和挥发物等。

1）收缩性

塑料制品从模具中脱模取出冷却到室温后会发生尺寸收缩，这种性能称为收缩性。用来衡量收缩性大小的参数是收缩率。考虑到本身不仅产生热胀冷缩，而且收缩还受各种成型因素的影响，故成型后制品的收缩率称为成型收缩率。成型收缩率的形式及特点见表4—1—1。

表4—1—1　　　　　　　　　　　成型收缩率的形式及特点

| 形式 | 特点 |
| --- | --- |
| 制品线性尺寸收缩 | 由于热胀冷缩，制品脱模时的弹性恢复、制品变形等因素，导致制品脱模冷却到常温后尺寸缩小 |
| 收缩方向性 | 成型时塑料分子按方向排列，使制品呈各向异性，沿料流方向收缩大、强度高，沿料流垂直方向则收缩小、强度低。另外，成型时因制品各部位密度及填料分布不均匀，收缩率也不均匀，产生收缩差，使制品发生翘曲、变形、裂纹 |

续表

| 形式 | 特点 |
|------|------|
| 后收缩 | 成型时，由于各种因素的影响，制品内存在着残余应力；脱模后，残余应力发生变化，导致制品发生再收缩。一般脱模 10 h 内收缩变化最大，24 h 后基本稳定，最后稳定则要经过 30～60 天 |
| 后处理收缩 | 出于性能及工艺要求，有时在制品成型后需要进行热处理或表面处理，这将导致制品尺寸发生后处理收缩变化 |

2）流动性

流动性反映了塑料在一定温度与压力下填充模腔的能力，是压缩成型工艺及其模具设计必须考虑的重要因素。

对于面积大、嵌件多、型芯及嵌件细弱、带有狭窄深槽和薄壁的复杂形状制品，应考虑采用流动性好的塑料。当然，塑料流动性过好，成型时容易引起溢料，造成填充型腔不密实，从而导致制件组织疏松，还容易出现填料积聚、粘模、硬化过早等缺陷；而当塑料流动性过差时，则会产生填充不足、不易成型的后果。

3）硬化特性

热固性塑料在成型过程中，在加热受压条件下转变成可塑性黏流态，随之流动性增大填充模腔，与此同时，发生缩合反应，交联密度不断增加，流动性迅速下降，熔料逐渐固化变硬，流动性迅速下降。

热固性塑料的硬化速度与塑料品种、塑件壁厚、制品形状、模具温度、塑料预热情况、加压时间等有关。一般来说，预热温度高，时间长（在允许范围内）则硬化速度加快，尤其预压坯料经高频预热的则硬化速度显著加快，适当的预热应保持使塑料能发挥出最大流动性的条件下，尽量提高其硬化速度。另外，模具温度高、加压时间长则硬化速度也随之增加。

对硬化速度快、流动状态差的塑料，应注意装料和装卸嵌件，并选择合理的成型条件，以免过早硬化或硬化不足，从而导致制品成型不良。

4）水分和挥发物

塑料中水分和挥发物过多，会造成成型时流动性过大、溢料严重、成型周期长、收缩率大等问题，制品会出现气泡、组织疏松、变形翘曲、波纹、龟裂等缺陷。另外，某些气体挥发物对模具还有腐蚀作用，对人体有刺激作用。因此，必须采取相应措施：第一，对塑料原料进行必要的预热、干燥，除去部分水分和气体，需要指出的是，塑料原料过于干燥会导致流动性变差、成型困难等；第二，注意模具的排气；第三，对模具型腔表面进行防腐处理。

（2）成型特性

热固性塑料的成型特性与塑料的品种、所含填料及其粒度和均匀度有关。通常细粒度填料流动性较好，但预热不易均匀，易充入空气且不易排除，传热不良，成型时间长；而粗粒度填料容易造成制品表面不均匀、不光泽。当然，过粗或过细的塑料原料直接影响比热容、压缩率及加料室容积。常用热固性塑料的成型特性见表4—1—2。

表4—1—2　　　　　　　　　　　　常用热固性塑料的成型特性

| 塑料名称 | 成型工艺特性 |
| --- | --- |
| 酚醛塑料 | 压缩成型性能好，但模具温度对流动性影响较大，一般当温度超过160℃时流动性迅速下降；硬化时会放出大量热量，厚壁、大型制品内部温度易过高，造成硬化不均及过热 |
| 氨基塑料 | 密胺塑料成型时有弱酸性分解及析出水分，成型模具应进行镀铬防腐处理，并注意排气；由于流动性好，硬化速度快，故预热及成型温度要适当，装料、合模及加工速度要快；带有嵌件的密胺塑料制品由于容易产生应力集中，故尺寸稳定性较差 |
| 环氧塑料 | 流动性好，硬化速度快；硬化收缩小，热刚性差，难以脱模，成型前应加脱模剂；固化时不会析出副产品，无须考虑排气 |

### 3. 压缩成型工艺

（1）成型工艺过程

压缩成型工艺过程可概括为三个阶段：准备阶段、成型阶段和后处理阶段，其完整过程如图4—1—2所示。

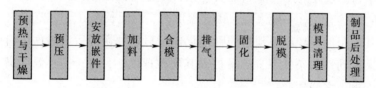

图4—1—2　压缩成型工艺过程

1）准备阶段

准备阶段主要是指原料的预热与干燥、原料的预压等。

在压缩成型前，常通过烘箱或红外线加热炉，对热固性塑料进行预热与干燥。通过预热，为压缩模提供具有一定温度的热料，使塑料在模具内受热均匀，以缩短压缩成型周期；通过干燥，防止塑料中带有过多的水分和低分子挥发物，以确保塑料制品的成型质量。

考虑到热固性塑料的比容比较大，在采用压缩成型工艺之前，通常要在室温或稍高于室温的条件下，将松散的（例如粉状、粒状、碎屑状、片状或长纤维状）成型物料压实成质量一定、形状一致的塑料型坯（如圆片形、圆盘形或与制品相似的形状），以便于放入压缩模加料室中。预压压力通常为40～200 MPa，通过预压后的型坯密度以达到制品密度的20%左右为最佳。

2）成型阶段

成型阶段一般包括加料、合模、排气、固化和脱模等，该阶段的有关说明见表4—1—3。

表 4—1—3　　　　　　　　　　　　成型阶段说明

| 成型阶段 | 有关说明 |
|---|---|
| 加料 | 在模具加料腔内加入已预热的定量物料。加料准确与否，将直接影响制品的密度和尺寸精度<br>　　常用的加料方法有体积质量法、容积法和计数法。体积质量法采用衡器称量物料，可精确控制加料量，但操作不方便；容积法使用一定容积或带有容积标度的容器加料，加料量控制不够精确，但操作方便；计数法适用于预压坯料<br>　　对于较大或较复杂的模腔，应考虑物料在模腔中的流动情况和模腔中各部位用料的多少，合理堆放物料，以免出现制品密度不匀或缺料现象 |
| 合模 | 通过压力使模具内成型零件闭合成与制品形状一致的模腔<br>　　合模时间一般为几秒至几十秒不等<br>　　为缩短成型周期并避免塑料过早固化或过多降解，凸模未接触物料前，应尽量加快合模速度；为避免嵌件和成型杆件位移和损坏，有利于排气并避免物料排出模外造成缺料，在凸模接触物料后，应放慢合模速度 |
| 排气 | 通过卸压排除模腔中的水蒸气、低分子挥发物及交联反应和制品体积收缩时产生的气体<br>　　排气的次数通常为 1~3 次，每次时间为 3~20 s<br>　　模腔中气体的存在，不仅会延长物料的传热过程，还会延长熔料的固化时间，使制品表面出现烧糊、烧焦、不光泽和气泡等现象 |
| 固化 | 塑料依靠交联反应固化定型，也称硬化<br>　　固化时间一般为30 s至数分钟不等<br>　　硬化程度的高低与塑料品种、模具温度及成型压力等有关，不一定达到100%，最佳硬化时间应以硬化程度适中时为准；对于固化速率不高的塑料，只要制品能够完整脱模即可结束固化，以提高生产效率；当然，提前结束固化的制品要通过后烘来完成其固化，例如酚醛压缩制品的后烘温度为 90~150℃，时间视制品的厚薄而定，通常为几小时至几十小时不等 |
| 脱模 | 压力机卸载回程，并将模具开启，通过推出机构将制品推出模外 |

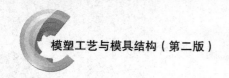

需要注意的是，在成型带有嵌件的塑料制品时，加料前应将经预热的嵌件放入模具型腔内。另外，首件生产时，需将压缩模具置于成型压力机上预热至成型温度。

3）后处理阶段

对于脱出制品后的模具，应进行清理操作。另外，对于脱模后的压缩成型制品，必要时还要进行热处理。

压缩模具的清理对象为残留在模具内的杂物，其中包括碎屑、飞边等。清理时，先采用铜签或铜刷将它们去除，然后通过压缩空气将它们吹净，以免留在下次成型的制品中，严重影响制品质量。

压缩成型制品的后处理主要是指退火处理。通过退火处理，消除制品内应力，提高制品的尺寸稳定性，减少制品的变形和开裂，并进一步交联固化，提高制品的电性能和力学性能。退火处理的工艺规范应根据制品材料、形状、嵌件等具体情况来确定。厚壁和壁厚相差悬殊的制品、易变形的制品，退火时宜采用较低的温度和较长的时间；对于形状复杂、薄壁、面积大的制品，退火处理最好在夹具上进行，以免制品变形。

（2）压缩成型工艺参数

热固性塑料的压缩成型，必须在一定温度、一定压力下和一定时间内完成，压缩成型压力、成型温度和成型时间称为热固性塑料压缩成型工艺参数。

1）压缩成型压力

所谓压缩成型压力，是指压缩成型时压力机通过凸模对制品熔体在充满模腔和固化时，在模具分型面单位投影面积上施加的压力，简称成型压力，其值一般为 15～30 MPa。

促使物料流动充模，提高制品的密度和内在质量，克服塑料在成型过程中的胀模力（因化学变化释放的低分子物质及塑料中的水分等产生），确保模具闭合，并保证制品具有稳定的尺寸、形状，减少飞边，是施加成型压力的目的。当然，过大的成型压力会降低模具的使用寿命。

压缩成型压力大小的确定应考虑塑料的种类、制品结构及模具温度等因素，一般来说，塑料的流动性越小，制品越厚，制品形状越复杂，塑料固化速度和压缩比越大，所需的成型压力也越大，常见的热固性塑料压缩成型压力见表4—1—4。

表4—1—4　　　　　　常见热固性塑料压缩成型压力

| 塑料类型 | 压缩成型压力（MPa） | 塑料类型 | 压缩成型压力（MPa） |
|---|---|---|---|
| 酚醛塑料（PF） | 7～24 | 邻苯二甲酸二丙烯酯塑料（PDPO） | 3.5～14 |
| 三聚氰胺–甲醛塑料（MF） | 14～56 | 环氧塑料（EP） | 0.7～14 |

续表

| 塑料类型 | 压缩成型压力（MPa） | 塑料类型 | 压缩成型压力（MPa） |
|---|---|---|---|
| 脲－甲醛塑料（UF） | 14～56 | 有机硅塑料（DSMC） | 0.7～56 |
| 聚塑料（UP） | 0.35～3.5 | | |

2）压缩成型温度

所谓压缩成型温度，是指压缩成型时所需的模具温度。

压缩成型温度的高低影响塑料熔料的充模，影响塑料成型时的硬化速度，进而影响塑料制品的质量。在一定温度范围内，模具温度升高，制品成型周期缩短，生产效率随之提高。不过，如果模具温度过高，将造成有机物分解，致使制品表面颜色暗淡。如果模具温度过低，硬化不足，也会造成制品表面无光，物理性能和力学性能下降。

常见的热固性塑料压缩成型温度见表4—1—5。

表4—1—5　　　　　　　　　　常见热固性塑料压缩成型温度

| 塑料类型 | 压缩成型温度（℃） | 塑料类型 | 压缩成型温度（℃） |
|---|---|---|---|
| 酚醛塑料（PF） | 140～180 | 邻苯二甲酸二丙烯酯塑料（PDPO） | 120～160 |
| 三聚氰胺－甲醛塑料（MF） | 140～180 | 环氧塑料（EP） | 145～200 |
| 脲－甲醛塑料（UF） | 135～155 | 有机硅塑料（DSMC） | 150～190 |
| 聚塑料（UP） | 85～150 | | |

3）压缩成型时间

热固性塑料压缩成型时，必须在一定温度和一定压力下保持一定的时间，才能使其充分交联固化，成为性能良好的制品，这一时间称为成型时间。压缩成型时间包括加料时间、充模时间、交联固化时间、脱模取制件时间和清模时间。

压缩成型时间的长短对制品的性能影响很大。成型时间过短，将使塑料硬化不足，制品外观性能变差，力学性能下降，易变形。适度增加成型时间，可以减小制品收缩率，提高制品耐热性能和其他物理、力学性能。但过长的成型时间，不仅会降低生产率，而且会使交联过度，从而使制品收缩率增加，引起内应力，导致制品力学性能降低，甚至造成破裂。

压缩成型时间取决于塑料的种类、制品形状、成型的其他工艺条件及操作步骤（是否预压、预热、排气）等。随着成型温度的升高，制品固化速度将加快，所需成型时间将减少。另外，对于预热或预压的成型物料，以及采用较高成型压力时，采用的成型时间可适当缩短。当然，随着制品厚度的增加，成型时间应适当增加。

部分热固性塑料压缩成型的主要工艺参数见表4—1—6。

表4—1—6　　　　　　　部分热固性塑料压缩成型的主要工艺参数

| 工艺参数 | 酚醛塑料 | | | 氨基塑料 |
|---|---|---|---|---|
| | 一般工业用① | 高电绝缘用② | 耐高频电绝缘用③ | |
| 压缩成型温度（℃） | 150～165 | 150～170 | 180～190 | 140～155 |
| 压缩成型压力（MPa） | 25～35 | 25～35 | >30 | 25～35 |
| 压缩时间（min/mm） | 0.8～1.2 | 1.5～2.5 | 2.5 | 0.7～1.0 |

注：①是以苯酚－甲醛线型的粉末为基础的压缩粉。

　　②是以甲酚－甲醛可溶性的粉末为基础的压缩粉。

　　③是以苯酚－苯胺－甲醛和无机矿物为基础的压缩粉。

（3）压缩成型工艺规程编制示例

　　某加木粉填充剂的酚醛塑料电器插头制品，要求大批量生产，结构及尺寸如图4—1—3所示，采用压缩成型工艺，其成型工艺规程编制如下：

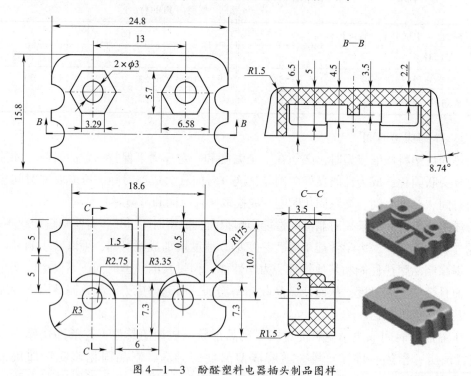

图4—1—3　酚醛塑料电器插头制品图样

1）制品材料分析

　　本电器插头材料为热固性塑料中的酚醛塑料，它以酚醛为基础制得，由于酚醛很脆，呈琥珀玻璃状，必须加入各种纤维或粉末状填料后才能获得具有一定性能要求的酚醛塑料，本制品采用木粉作为填充剂。另外，酚醛塑料具有一定的介电性能，可用于电工结构材料和电气绝缘材料。

2）制品结构工艺性分析

就整体而言，该制品为框形结构。其中，上表面比较简单，有两个中心相距13 mm 的六方形沉孔；下表面相对复杂，包括对称的两个方槽、中间的长方形槽，以及两个与上表面六方形沉孔同轴的 $\phi$3 mm 通孔。整体来看，制品上无加强筋，无大的支承面，无侧孔和侧凹，无金属嵌件，无螺纹，无文字、符号及标记，结构相对比较简单，精度要求一般，表面质量也无特殊要求。另外，该制品高度尺寸，长径比 $L/D = 6.5/24.8 < 2$，不影响脱模，可以不考虑脱模斜度。

3）工艺规程确定

为满足大批量生产该制品的要求，拟采用一模十六腔的固定式压缩模成型。其压缩工艺流程经预热和压制两个过程，不需进行后处理。

初步确定该制品的压缩成型工艺规程，见表4—1—7。

表4—1—7　　　　　　　　　　　压缩成型工艺规程

| | 塑料压缩成型工艺卡片 | | | | 资料编号 | | |
|---|---|---|---|---|---|---|---|
| | 零件名称 | 零件图号 | 装配图号 | 每模数量 | 共　页 | 第　页 | |
| 车间 | 电器插头 | | | 16 | | | |
| 材料牌号 H161 | 操作条件 | 辅助材料 | | 设备 | 工时定额 | | |
| 零件质量（kg） | 温度（℃） | 名称 | 牌号 | 质量（kg） | 工装代号 | | |
| 毛料质量（kg） | 压力（MPa） | | | | 工具 | | |
| 毛料尺寸 | 相对湿度（%） | | | | 量具 | | |
| | 保持时间 | | | | 仪器 | | |

| 制品草图： | 主要工序 |
|---|---|
| | 1. 模具预热<br>温度：（120±10）℃　时间：4~8 min |
| | 2. 加料 |
| | 3. 加压闭模<br>成型压力：30 MPa　模具温度：（160±5）℃ |
| | 4. 排气<br>1 次　5 s |
| | 5. 固化保压<br>成型时间：8 min |

续表

| 塑料压缩成型工艺卡片 | | | | 资料编号 | | |
|---|---|---|---|---|---|---|
| 零件名称 | 零件图号 | 装配图号 | 每模数量 | 共　页 | 第　页 | |

| 检验技术条件： | 6. 脱模 |
|---|---|

| 编制 | 校对 | 审核 | 车间主任 | 检验组长 | 主管工程师 |
|---|---|---|---|---|---|
| | | | | | |

需要指出的是，从严格意义上来说，塑料制品成型工艺规程的制定，应在制品材料性能分析、制品工艺性分析和成型方法选择的基础上进行，并最终完成工艺规程卡片的填写。

## 二、压缩模具结构

### 1. 典型结构

压缩成型模具的典型结构如图 4—1—4 所示，它可以分为上模和下模两大部分，上模需要与压力机的滑块连接或接触，下模需要与压力机的工作台面连接或接触。成型时，两大部分依靠导柱导向开合，上下模闭合使装于加料室和型腔中的塑料受热受压，成为熔融状态并充满整个型腔。当制品固化成型后开模，上模部分上移，上凸模脱离下模一段距离，抽出侧抽芯，推杆将制品推出模外。

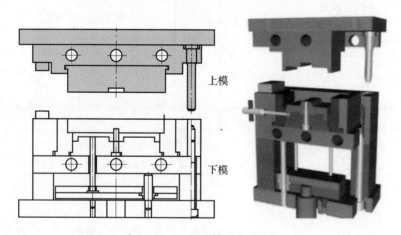

图 4—1—4　压缩模具典型结构

### 2. 模具分类

压缩成型模具通常采用两种分类方法：一是按模具与压力机的连接方式分类，二是按模具总体结构特点分类。当然，根据需要还可以按分型面特征、制品推出方式等进行分类。

（1）按模具与压力机的连接方式分类

按照压缩模具的上、下模在压力机上是否固定，压缩模具可分为移动式压缩模（上、下模均不与压力机固定连接）、半固定式压缩模（通常上模固定在压力机上）、固定式压缩模（上、下模分别固定在压力机的上、下工作台上）三种类型。

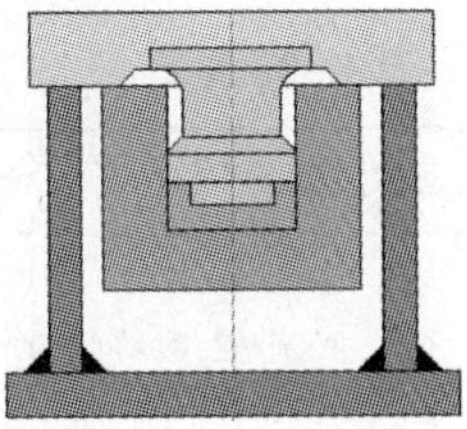

1）移动式压缩模

移动式压缩模结构示意如图4—1—5所示，模具不固定在压力机上，制品成型后将模具移出压力机，采用专门卸模工具（例如U形支架等）开模取出制品。

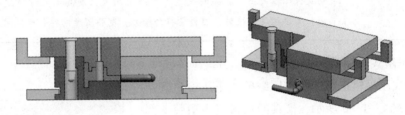

图4—1—5 移动式
压缩模结构示意

2）半固定式压缩模

半固定式压缩模结构示意如图4—1—6所示，一般将上模固定在压力机上，下模可沿导轨移动，采用定位块定位；当然，根据需要也可采用下模固定的形式。

图4—1—6 半固定式压缩模结构示意

3）固定式压缩模

固定式压缩模结构示意如图4—1—4所示，上、下模分别固定在压力机上下工作台上，开模、合模推出等动作均在机内完成，模具结构相对复杂，安装嵌件也不方便，适合于成型批量较大或尺寸较大的制品。

（2）按模具总体结构特点分类

根据压缩模具加料室形式不同，压缩模可分为溢式压缩模、不溢式压缩模、半溢式压缩模三种类型。

1）溢式压缩模

溢式压缩模结构示意如图4—1—7所示，它没有单独的加料室，而将型腔本身作为加料室，所以，型腔高度等于制品高度。凸模和凹模的配合完全依靠导柱定位来实现，没有其他的配合面，制品的径向壁厚尺寸精度不高。另外，凸模、凹模闭合成与制品形状一致的模腔之后，凹模对凸模有一个宽度为 $B$ 的支承面，该支承面同时也是分型面。

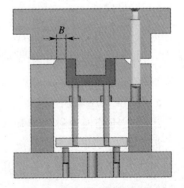

图4—1—7 溢式压缩模结构示意

溢式压缩模结构简单、耐用，造价低廉，制品容易取出，嵌件安放方便，对于扁平制品可不考虑推出机构。使用溢式压缩模压缩成型时的注意事项见表4—1—8。

表4—1—8　　　　　　　　　　溢式压缩模成型时的注意事项

| 注意事项 | 说明 |
| --- | --- |
| 不适宜成型流动性较差的塑料 | 带有片状或纤维状填料的塑料，由于流动性较差，成型时将会产生较厚的飞边，并影响模具闭合。如果必须使用溢式压缩模，最好在成型之前采用预压措施，或采用粒状物料 |
| 一般要求加料时有适当的过量值 | 加料不充分时，模腔内不会有多余的塑料从支承面处溢出，制品将会出现缺料或密度达不到要求的缺陷，加料的过量值通常控制在 5% ~ 7%，否则会产生较厚的横向飞边，使制品的尺寸精度和密度无法得到准确控制，且在去除飞边时产生面积较大的疤痕，严重影响制品的外观 |
| 需要注意控制模具的闭合速度 | 闭合速度太慢时，溢出在支承面之间的塑料容易冻结，它们的变形和流动变得比较困难，制品的飞边厚度随之增大，制品的尺寸精度将难以保证；闭合速度太快时，溢料量将会增大，制品密度同样会出现问题 |

2）不溢式压缩模

不溢式压缩模也称为闭式压缩模或正压模，其结构示意如图4—1—8所示，模具的加料室为型腔上部截面的延续，无挤压面，理论上压力机所施加的压力将全部作用在制品上。另外，凸模与加料腔之间可以采用比较紧密的滑动间隙配合（单边间隙约为0.075 mm），塑料的溢出量很少，所以每模加料必须准确称量。

不溢式压缩模适宜于成型体积大、塑料流动性差的制品，模具必须设置推出装置，否则制品很难取出。

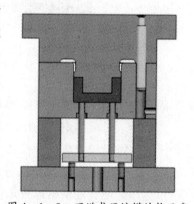

图4—1—8　不溢式压缩模结构示意

需要指出的是，不溢式压缩模存在排气比较差的问题，所以模具中必须开设排气结构，另外，成型过程中还需要使压力机短暂卸载，以便使上、下模暂时松开一段时间进行排气。

3）半溢式压缩模

半溢式压缩模也称为半开式压缩模，其结构示意如图4—1—9所示，在模具型腔上方设有截面尺寸大于制品尺寸的加料室，它与型腔的分界处有一环形挤压面。凸模与加料室之间采用间隙配合，并在四周开设溢料槽，成型时，凸模下压到与挤压面接触时为止。

半溢式压缩模兼有溢式压缩模和不溢式压缩模的优点，制品密度、制品精度均较高，模具寿命长，制品容易脱模，生产中被广泛采用。另外，半溢式压缩模成型带有小嵌件的制品也比较方便。

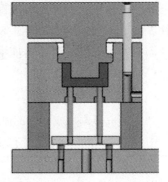

**3. 结构组成**

压缩模通常由成型零件、加料装置、导向机构、侧向分型抽芯机构、推出机构、加热系统等几大部分组成。压缩模具的结构特点与注射模具基本相同，但也有其独特之处，如图 4—1—10 所示。

图 4—1—9　半溢式压缩模结构示意

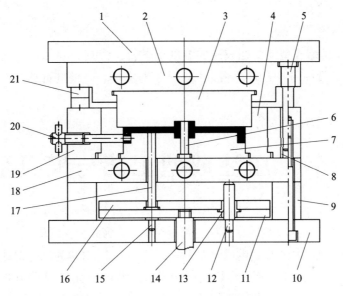

图 4—1—10　固定式压缩模结构

1—上模座板　2—加热板　3—上凸模　4—凹模镶件　5—导柱　6—型芯

7—下凸模　8—导套　9—垫块　10—下模座板　11—推板　12—推板导柱

13—推板导套　14—压力机顶杆　15—支承钉　16—推杆固定板　17—推杆

18—支承板（加热板）　19—凹模固定板　20—侧型芯　21—承压块

（1）成型零件

成型零件在模具闭合后形成成型制品要求的模腔，并直接与塑料接触，负责成型出制品的几何形状和尺寸。在图 4—1—10 中，成型零件包括上凸模 3、下凸模 7、凹模镶件 4、侧型芯 20 和型芯 6。

（2）加料装置

加料装置即加料腔或加料室，利用加料腔可以较多地容纳密度很小的松散状成型物料，从而可以通过较大的压缩率压缩成型出密度很高的制品。图 4—1—10 中，上凸模 3、凹模镶件 4、型芯 6、下凸模 7 共同构成加料腔。

（3）导向机构

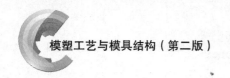

　　导向机构用来保证上、下模合模的对中性。例如图4—1—10中，上模周边的四根导柱5和下模周边的四只导套8构成了导向机构。

　　需要说明的是，为了保证推出机构顺利地上、下滑动，该模具的推出机构中也设置了导向机构。

　　（4）侧向分型抽芯机构

　　当压制带有侧孔或侧凹的制品时，模具上必须设有侧向分型抽芯机构，制件才能脱出。图4—1—10所示制品带有侧孔，在开模顶出前应先用手转动丝杆抽出侧型芯20。

　　（5）推出机构

　　图4—1—10中的推出机构由推杆17、推杆固定板16、推板11、压力机顶杆14等零件组成。

　　（6）加热系统

　　热固性塑料压缩成型需要在较高的温度下进行，模具必须加热。电加热是常见的加热方法。图4—1—10中，加热板2、18分别对上模、下模进行加热，加热板圆孔中插入电加热棒。

# 第二节　压注成型工艺与模具结构

　　热固性塑料采用压缩成型时，还存在着一些缺点。为此，在成功汲取压缩成型经验的基础上，发展出一种热固性塑料的成型方法——压注成型，又称为传递成型或挤塑成型。

　　压注模（图4—2—1）是成型热固性塑料或封装电气元件等采用的一种模具。压注模设有单独的加料室，在成型及加料前，模具先闭合，然后将塑料原料放入加料室内预热，成为黏流状态后，在柱塞压力的作用下，熔料通过模具的浇注系统，以高速挤入模腔，最终硬化成型。

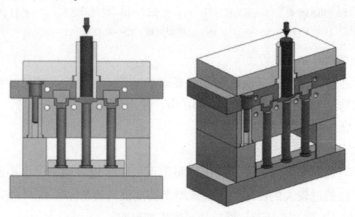

图4—2—1　压注模结构示意

## 一、压注成型工艺

### 1. 原理及其特点

（1）成型原理

压注成型与压缩成型原理类似，主要区别在于，压注成型模具设有单独的加料室和完整的浇注系统。

热固性塑料压注成型原理如图4—2—2所示。首先完成模具的闭合，然后将塑料加入模具的加料腔中，如图4—2—2a所示，待其受热成为黏流状态，通过压注柱塞的作用，将黏流状态的塑料经过浇注系统，高速挤入并充满预先闭合的型腔，如图4—2—2b所示，塑料在型腔内继续受热、受压并发生化学反应而固化成型。经过一定时间后，打开模具，取出塑料制件品，如图4—2—2c所示。

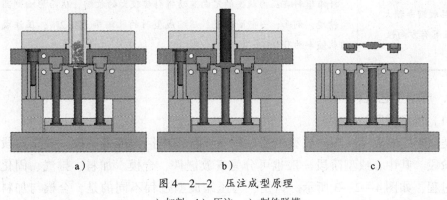

图4—2—2 压注成型原理
a）加料 b）压注 c）制件脱模

（2）成型特点

相比于热固性塑料的压缩成型，压注成型有着自身的特点，具体内容见表4—2—1。

表4—2—1 压注成型的特点

| 特点 | 具体内容 |
|---|---|
| 成型前模具已完全闭合 | 塑料的加热熔融在加料腔内进行，压力机在成型开始时只施压于加料腔内的塑料，使之通过浇注系统而快速注入模腔，当塑料完全充满型腔后，型腔内与加料腔中的压力趋于平衡 |
| 成型效率高 | 压注成型时，塑料高速通过浇注系统注入型腔，制品内外层塑料都有机会与高温流道壁相接触，因而升温快捷而均匀。又因为料流在通过浇口等窄小部位时产生的摩擦热使塑料温度进一步提高，所以制品在型腔内硬化速度很快，其硬化时间相当于压缩成型的1/5～1/3 |
| 制品质量好 | 成型过程中塑料受热均匀，交联硬化充分，使得制品的强度高、力学性能和电性能好；另外，压注成型时，塑料注入闭合的模腔，因此在分型面处，制品的飞边很薄，在合模方向上也能保证其较准确的尺寸 |

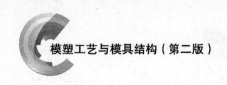

续表

| 特点 | 具体内容 |
|------|----------|
| 宜于成型带有细小嵌件、较深孔及较复杂的制品 | 压注成型时塑料以熔融状态注入模腔，对型芯、嵌件等产生的挤压力较小。通常，压注成型可成型出孔深不大于 10 倍直径的通孔、不大于 3 倍直径的盲孔，而压缩成型在垂直方向上成型的孔深不大于 3 倍直径，侧向孔深不大于 1.5 倍直径 |
| 耗材多，模具制造成本高 | 浇注系统的存在不可避免地浪费了塑料原料，并使得压注模的制造成本高于压缩模的制造成本 |
| 制品收缩率稍大，且具有方向性 | 纤维填料在压力状态的定向流动将引起较大的收缩，从而影响制品的成型精度，例如，一般酚醛塑料压缩成型时的收缩率为 0.2%，压注成型时的收缩率为 0.9% |

## 2. 成型工艺过程

（1）成型阶段

类似于压缩成型，压注成型工艺过程同样可以概括为准备阶段、成型阶段和后处理阶段。其中，成型阶段一般也可分为安放嵌件、合模、加料、排气、固化和脱模等过程，如图 4—2—3 所示。但是，与压缩成型过程不同的是，合模与加料环节顺序发生了改变，即加料前必须先完成合模操作，然后在加料腔中加入已预热的定量物料。

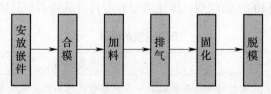

图 4—2—3　压注成型工艺阶段的一般过程

（2）工艺参数

压注成型工艺参数包括成型压力、成型温度和成型时间。

1）成型压力

压注成型压力是指压力机通过压注柱塞对加料腔内的塑料熔体施加的压力。由于熔体通过浇注系统时有压力损失，故压注时的成型压力一般为压缩时的 2 ~ 3 倍。例如，酚醛塑料粉和氨基塑料粉所需的成型压力通常为 50 ~ 80 MPa，有纤维填料的塑料为 80 ~ 160 MPa。

部分热固性塑料的压注成型压力见表 4—2—2。

表 4—2—2      部分热固性塑料压注成型压力

| 塑料 | 填料 | 压注成型压力（MPa） |
|------|------|------------------|
| 环氧双酚 A 模塑料 | 玻璃纤维 | 7 ~ 34 |
| | 矿物填料 | 0.7 ~ 21 |
| 环氧酚醛模塑料 | 矿物和玻璃纤维（成型温度 121 ~ 193℃） | 1.7 ~ 21 |
| | 矿物和玻璃纤维（成型温度 190 ~ 196℃） | 2 ~ 17.2 |
| | 玻璃纤维 | 17 ~ 34 |
| 三聚氰胺 | 纤维素 | 55 ~ 138 |
| 酚醛 | 织物和回收料 | 13.8 ~ 138 |
| 聚（BMC，TMC①） | 玻璃纤维 | 1.4 ~ 3.4 |
| 聚（SMC，TMC） | 导电护套料② | 1.4 ~ 3.4 |
| 聚（BMC） | 导电护套料 | 1.4 ~ 3.4 |
| 醇酸 | 矿物质 | 13.8 ~ 138 |
| 聚酰亚胺 | 50% 玻璃纤维 | 20.7 ~ 69 |
| 脲醛塑料 | α – 纤维素 | 13.8 ~ 138 |

注：①TMC 指黏稠状模塑料。

  ②在聚中添加导电性填料和增强材料的电子材料工业用护套料。

2）成型温度

压注成型温度是指压注成型时所需的模具温度，它通常比压缩成型温度低，一般为 130 ~ 190 ℃，这是因为塑料通过浇注系统时能从摩擦中获得一部分热量。

需要注意的是，压注模具的加料腔和下模的温度要低一些，而中框的温度要高一些，以保证塑料进入通畅，而不会出现溢料现象，同时也可以避免制品产生缺料、起泡、接缝等缺陷。

部分热固性塑料的压注成型温度见表 4—2—3。

表 4—2—3      部分热固性塑料压注成型温度

| 塑料 | 填料 | 压注成型温度（℃） |
|------|------|------------------|
| 环氧双酚 A 模塑料 | 玻璃纤维 | 138 ~ 193 |
| | 矿物填料 | 121 ~ 193 |
| 环氧酚醛模塑料 | 矿物和玻璃纤维（成型压力 1.7 ~ 21MPa） | 121 ~ 193 |
| | 矿物和玻璃纤维（成型压力 2 ~ 17.2MPa） | 190 ~ 196 |
| | 玻璃纤维 | 143 ~ 165 |
| 三聚氰胺 | 纤维素 | 149 |
| 酚醛 | 织物和回收料 | 149 ~ 182 |
| 聚（BMC，TMC） | 玻璃纤维 | 138 ~ 160 |

| 塑料 | 填料 | 压注成型温度（℃） |
|---|---|---|
| 聚（SMC，TMC） | 导电护套料 | 138～160 |
| 聚（BMC） | 导电护套料 | 138～160 |
| 醇酸 | 矿物质 | 160～182 |
| 聚酰亚胺 | 50%玻璃纤维 | 199 |
| 脲醛塑料 | α-纤维素 | 132～182 |

3）成型时间

与压缩成型一样，压注成型必须在一定温度和一定压力下保持一定的时间，才能使塑料充分交联固化，成为性能良好的制品，这一时间就是成型时间。成型时间包括加料时间、充满时间、交联固化时间、脱模取制件时间、清模时间等。一般要求塑料必须在10～30 s内迅速充满模具模腔。

## 二、压注模具结构

### 1. 模具分类

压注成型模具通常可根据固定形式、加料腔结构特征进行分类。

类似于压缩模，按照是否固定在压力机上，压注模可分为固定式压注模和移动式压注模。固定式压注模的整个生产过程（包括分模、装料、合模、成型、出件）在压力机上进行。移动式压注模通常不固定在压力机上，它具有模具结构简单、造价低廉等优点，一般采用普通压力机，主要用于小型塑料制品成型。

按照加料腔结构特征，通常将压注模分为柱塞式压注模和罐式压注模（也称料腔式压注模），其结构和相关说明见表4—2—4。

表4—2—4　　　　　　按加料腔结构特征分类的压注模

| 分类 | 图例 | 说明 |
|---|---|---|
| 柱塞式压注模 | | 柱塞式压注模没有主流道，事实上主流道已经扩大成为圆柱状的加料腔，此时，注料的压力不能压紧模具，因此，柱塞式压注模要安装在专用压力机上使用。这种专用压力机有两个液压缸，一个是起锁模作用的主液压缸，一个是起推料作用的辅液压缸。为防止溢料，主液压缸要比辅液压缸压力大得多 |

续表

| 分类 | 图例 | 说明 |
|---|---|---|
| 罐式压注模 | 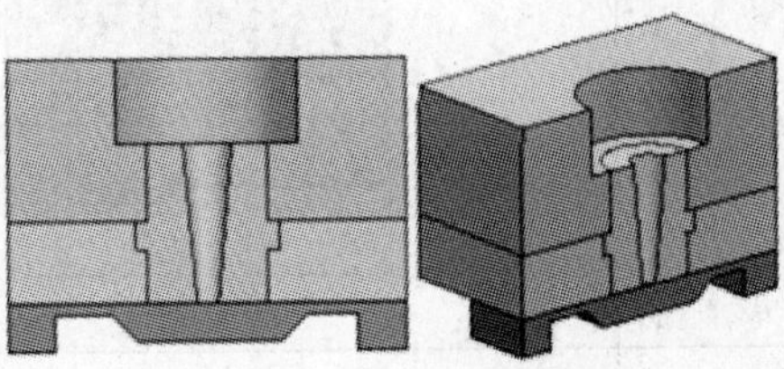 | 加料腔带有底部，底部中间设计有通向分流道和型腔的主流道<br><br>罐式压注模的压料压力通过压料柱塞（图中未画）作用在加料腔底面上，通过上模板传力将分型面锁紧，从而避免溢料 |

## 2. 结构组成

压注模综合了注射模与压缩模的特点，从总体结构来说，典型结构的压注模可分成柱塞、上模、下模三个部分，主要由加料室、柱塞、模腔、浇注系统、导向机构、侧向分型抽芯机构、脱模机构和加热系统等组成。由于压注模与注射模和压缩模的结构相似，下面仅介绍其特殊结构：加料室、柱塞、浇注系统及排气系统。

（1）加料室

加料室的作用类似注射机的料筒。热固性塑料粉放入加料室内，进行预热、加压而融化。

1）加料室结构

加料室一般为圆筒形，以便于加工及定位。加料室的定位及固定形式依模具结构及使用的压力机而异，其形式见表4—2—5。

表 4—2—5 　　　　　　　　　　　加料室形式

| 类型 | 移动式 | |
|---|---|---|
| 图例 | 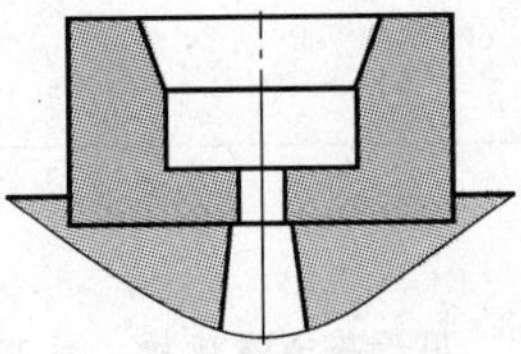 | 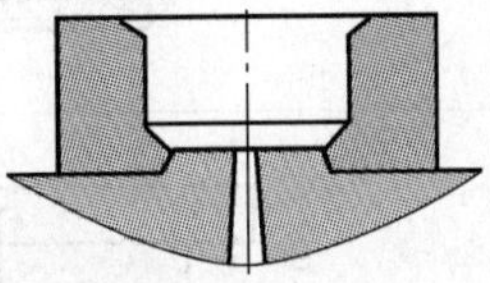 |
| 说明 | 需在模具上做出与加料室外径成间隙配合的沉孔。在使用中容易有溢料存在沉孔中，必须每次清理干净 | 加料室与上模板的台肩相配合，配合部位的溢料较容易清除 |

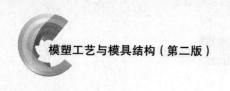

续表

| 类型 | 固定式 | |
|------|--------|--|
| 图例 | | |
| 说明 | 将加料室设在进料口套（浇口套）上面的模板上 | 专用压力机上的加料室 |

2）加料室与型腔的位置分布

对于单腔压注模，加料室中心应与进料口中心一致。如果浇口设在塑料制品的侧面，会产生压力偏斜，此时应考虑采用多腔结构。

对于多腔压注模，如果各模腔的形状相同，加料室应位于各型腔浇口位置的中心；如果模腔的形状不同，加料室必须大体设在各模腔投影面的重心处。

（2）柱塞

作为对塑料的加压工具，柱塞承受着较大的压力，常用的柱塞结构见表4—2—6。

表4—2—6　　　　　　　　　常用柱塞结构

| 类型 | 图例 | 说明 |
|------|------|------|
| 移动式模具用 | | 用于普通液压机，下面的斜面锥度必须与加料室的锥度一致 |
| 固定式模具用 | | 用于普通液压机，柱塞固定于液压机的动梁上<br>柱塞上部的直径略为减小的目的在于减少柱塞与加料室的摩擦 |

续表

| 类型 | 图例 | 说明 |
|------|------|------|
| 专用压力机用 | | 专用压注成型液压机用柱塞为可更换结构柱塞用螺纹与液压机的液压缸柱塞连接。端面设计成球形凹面，目的是使塑料向中心集中而不向侧面溢料 |

为了便于从加料室中拉出余料，柱塞的端面上一般开设如图 4—2—4 所示的楔形沟槽。其中，贯通式沟槽便于用工具将余料推出。

（3）浇注系统

压注模的典型浇注系统组成与注射模相仿，如图 4—2—5 所示，且其总体设计要求与注射模类似，即保证熔融塑料在流经浇注系统时的压力损失尽可能小。但它们之间也有不同：压注模浇注系统要求塑料在流动时进一步塑化，并提高料温，以最佳的流动状态进入型腔；注射模浇注系统则要求塑料流动时减少与流道壁的热交换，使熔融塑料的温度变化尽可能小。

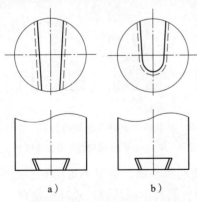

图 4—2—4 柱塞端面的拉料槽
a）贯通式 b）非贯通式

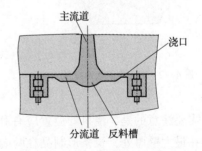

图 4—2—5 压注模的典型浇注系统

1）主流道

在压注模中，通常有三种形式的主流道，即正圆锥形主流道、带分流锥形主流道、倒圆锥形主流道，其结构示意如图 4—2—6 所示。

2）分流道

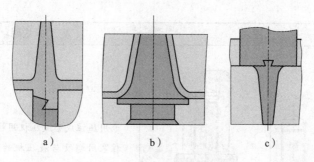

图4—2—6　主流道形式结构示意

a）正圆锥形　b）带分流锥形　c）倒圆锥形

为达到较好的传热效果，压注模的分流道一般比注射模的浅而宽。常用的分流道截面为梯形，如图4—2—7所示。另外，半径为3~4 mm的半圆形分流道也经常被采用。

3）浇口

与注射模浇注系统类似，压注模的浇口形状多为圆形或矩形，根据需要也可采用扇形或环形等。

压注模的浇口布置取决于塑料种类和塑料制品与流道的连接方式（图4—2—8）。为避免去除流道废料时损伤制品表面，对以木粉为填料的制品，应将浇口与制品连接处做成圆弧过渡，流道废料将在细颈处折断（图4—2—8a）；对以碎布或长纤维为填料的制品，由于流动阻力大，应放大浇口尺寸。同时由于填料的连接，在浇口折断处不但会出现粗糙的断面，而且容易拉伤制品表面。为克服此缺点，通常在浇口处的制品上设一凸台或小锥台（图4—2—8b、c），成型后再去除。

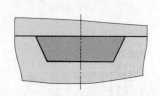

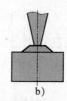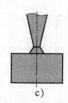

图4—2—7　梯形截面分流道　　图4—2—8　压注成型制件与浇口的连接

a）木粉填料浇口　b）、c）碎布或长纤维填料浇口

需要注意的是，浇口的位置应有利于塑料流动和补缩，壁厚不等的制品应将浇口设置在最大壁厚处，长条形制品在两端设置浇口，圆筒形制品设计成环形浇口。

（4）排气系统

压注时，由于需在极短的时间内将塑料充满模腔，故必须将模腔内的气体（腔内原有的空气和压注成型时塑料聚合反应所产生的废气）迅速排出模外，尤其当制品壁厚不匀时，排气显得更为重要。

从形式上来讲，排气可利用模具零件间的配合间隙及分型面之间的间隙进行。但这样做有时并不能满足要求，这时就需要另外开设排气槽。

排气槽最好开设在分型面上，并在塑料汇合接缝处或料流方向的末端，这样做有利于排出气体及清理飞边。排气槽深度不应超过制品塑料的溢边值。

排气槽的位置及深度可经试模后决定。排气槽的截面形状一般取矩形或梯形。

# 第三节　其他成型工艺与模具结构

塑料制品生产除了可以采用注射成型、压缩成型、压注成型以外，根据需要，还有其他多种成型工艺可以采用。

## 一、挤出成型工艺与模具结构

挤出成型几乎能连续成型所有截面恒定、形状简单的热塑性塑料和热固性塑料制品，如管材、薄膜、棒材、板材、电缆及其他异形材，在塑料成型加工业中占有很重要的地位。

### 1. 挤出成型工艺过程

挤出成型工艺过程包括原料准备，挤出成型，定型与冷却，牵引、卷取和切割等阶段，其成型原理如图4—3—1所示。

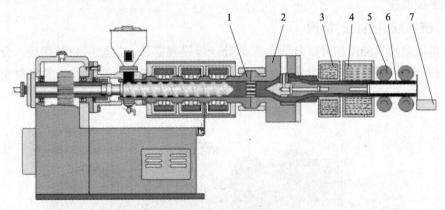

图4—3—1　挤出成型原理

1—挤出机料筒　2—机头　3—定型装置　4—冷却装置

5—牵引装置　6—塑料制品　7—切断装置

（1）原料准备

原料准备包括原料外观检验和工艺性能测定、原料染色和对粉料的造粒等。对于易吸湿的塑料，因易产生斑纹、气泡等缺陷，应充分进行预热和干燥。另外，在该阶段还必须尽可能去除塑料中存在的杂质。

（2）挤出成型

在该阶段，将挤出机预热到规定温度后，启动电动机，料筒中的塑料在外加热和螺杆旋转产生的剪切摩擦力作用下熔融塑化。由于螺杆旋转时对塑料的不断推压，塑料经过过滤板和过滤网，由螺旋运动变成直线运动，并由机头成型为一定截面形状的连续型材。

（3）定型与冷却

对于热塑性塑料制品，在离开机头口模后，首先应通过定型装置和冷却装置，使其冷却变硬而定型。为了获得表面光洁、尺寸和形状准确的型材，有效冷却至关重要。挤出管材的定型方法一般为外径定型和内径定型，使管坯内外形成一定的压力差，使其紧贴在定径套上而冷却；挤出板材或片材时，则可通过若干对压辊进行压平。

挤出成型时，冷却速度对塑料性能影响很大，常采用冷却水槽和冷冻空气装置作为冷却装置。

（4）牵引、卷取和切割

塑料从口模挤出后，一般会因压力解除而发生膨胀现象，而冷却后又会产生收缩现象，因而塑料制品的形状和尺寸会发生改变。为此，在冷却的同时，要连续均匀地将塑料制品引出，这就是牵引。通过牵引的塑料制品，可根据使用要求在切割装置上裁剪（针对棒、管、板、片等）或在卷取装置上绕制成卷（针对薄膜、单丝、电线电缆等）。

牵引通常由牵引装置来完成。牵引速度要与挤出速度相适应，且应十分均匀，并能实现无级调速。

**2. 挤出成型模具的结构**

挤出成型模具的结构可以分为七大部分：口模和芯棒、过滤网和过滤板、分流器和分流器支架、机头体、温度调节系统、调节螺钉、定径套，现以典型的管材挤出成型机头（图4—3—2）为例加以说明，见表4—3—1。

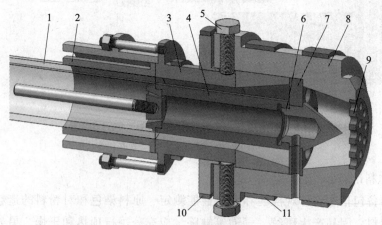

图4—3—2 管材挤出成型机头

1—管材 2—定径套 3—口模 4—芯棒 5—调节螺钉 6—分流器 7—分流器支架
8—机头体 9—过滤板（多孔板） 10、11—电加热圈（加热器）

表4—3—1 挤出成型模具结构

| 组成部分 | 说明 |
|---|---|
| 口模和芯棒 | 口模用来成型塑料制品的外表面，芯棒用来成型塑料制品的内表面，它们决定了塑料制品的截面形状 |
| 过滤网和过滤板 | 过滤网的作用在于，将塑料熔体由螺旋运动转变为直线运动，过滤杂质，并形成一定的压力<br>过滤板又称多孔板，起支承过滤网的作用 |
| 分流器和分流器支架 | 分流器（俗称鱼雷头）使通过它的塑料熔体分流变成薄环状，以平稳地进入成型区，同时进一步加热和塑化<br>分流器支架主要用来支承分流器及芯棒，同时也能对分流后的塑料熔体加强剪切混合作用（有时会产生熔接痕而影响塑料制品的强度）<br>小型机头的分流器与其支架可制成一个整体 |
| 机头体 | 相当于模架，用来组装并支承机头的各零部件。机头体需与挤出机筒连接，连接处应密封以免塑料熔体泄漏 |
| 温度调节系统 | 为了保证塑料熔体在机头中正常流动及挤出成型质量，机头上一般设有可以加热的温度调节系统 |
| 调节螺钉 | 通常设置4~8个调节螺钉，用来调节并控制成型区内口模与芯棒间的环隙及同轴度，以保证挤出塑料制品壁厚均匀 |
| 定径套 | 离开成型区后的塑料熔体虽已具有给定的截面形状，但因其温度仍较高，不能抵抗自重变形，因此，需要用定径套对其进行冷却定型，以使塑料制品获得良好的表面质量、准确的尺寸和几何形状 |

## 二、吹塑成型工艺与模具结构

吹塑（也称中空吹塑）成型是将处于塑性状态的型坯置于模具腔体内，借助压缩空气将其吹胀，使之紧贴于模腔壁上，经冷却定型得到中空塑料制品的成型方法。吹塑成型可以获得各种形状与大小的中空薄壁塑料制品，如瓶、筒、罐、箱等，在日用品工业中应用十分广泛。

### 1. 吹塑成型工艺过程

吹塑成型工艺包括两个不可或缺的基本阶段：一是塑料型坯制造，二是吹胀。根据生产中这两个基本阶段的不同运作方式，吹塑可分为挤出吹塑、注射吹塑、拉伸吹

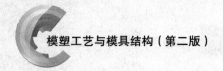

模塑工艺与模具结构（第二版）

塑、多层吹塑等。

（1）挤出吹塑

挤出吹塑具有模具结构简单、投资少、操作容易、适用于多种热塑性塑料成型的优点，是目前成型中空塑料制品的主要方法。

挤出吹塑成型工艺过程如图4—3—3所示，其具体过程为：打开对开模具→型坯被引入对开模具→模具闭合，夹紧型坯上、下两端→向模腔中吹入压缩空气，使型坯膨胀贴模成型→保压、冷却，定型后放气，取出塑料制品。

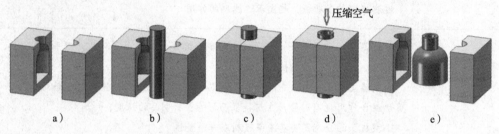

图4—3—3　挤出吹塑成型工艺过程

需要说明的是，挤出吹塑具有塑料制品壁厚不均匀的缺点，且需要后加工去除飞边和余料。

（2）注射吹塑

注射吹塑是一种综合注射和吹塑工艺特点的成型方法，主要用于成型容积较小的包装容器。这种成型方法的优点是塑料制品壁厚均匀，无飞边，不必进行后加工。另外，由于注射得到的型坯有底，故塑料制品底部没有结合缝，强度也高。该方法多用于小型塑料制品的大批量生产。

注射吹塑成型过程如图4—3—4所示，其具体过程为：注射机将熔融塑料注入注射模内形成型坯→趁热将型坯连同芯棒转位至吹塑模内→向芯棒内孔通入压缩空气，压缩空气经芯棒壁微孔进入型坯内孔，吹胀型坯并使之贴于吹塑模模腔壁上→经保压、冷却定型后，放出压缩空气，开模取出塑料制品。

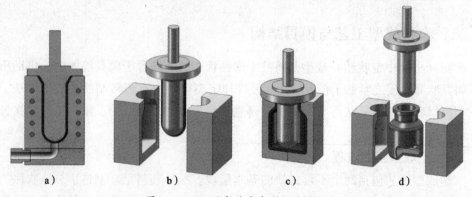

图4—3—4　注射吹塑成型工艺过程

需要说明的是，注射吹塑需要很大的设备与模具投资。

### 2. 吹塑模具结构

无论采用何种吹塑方法，所使用的吹塑模具在结构上通常由两个半模（Half）组成，所以也称哈夫模。吹塑模的外观如图4—3—5所示，合模时，两瓣平行移动而闭合。其一般采用螺钉直接安装在吹塑机上。

现以薄壁塑料瓶吹塑模具为例进行介绍。其两个半模各由三部分组成，即瓶颈部、瓶底部和瓶体部，每个半模都有单独的冷却水通路。

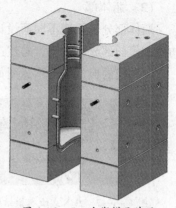

图4—3—5　吹塑模具外观

（1）瓶颈部

瓶颈部是与吹管配合的部位，同时也是形成不同形状瓶颈的部位。瓶颈部的形状大致可分为有螺纹与无螺纹两类。

有螺纹瓶颈用于旋上瓶盖的瓶颈。瓶盖可以是塑料的，也可以是金属的。由于普通螺纹在两半模分开时易产生干涉现象而损及螺纹，故吹塑瓶颈往往采用特殊截面形状的螺纹结构，螺纹截面形状结构类型见表4—3—2。

表4—3—2　　　　　　　　　　　螺纹截面形状结构类型

| 类型 | 图例 | 说明 |
|---|---|---|
| 通用螺纹 | | 用于各种塑料瓶颈，截面为梯形，螺纹有一圈、一圈半和两圈三种 |
| 修正螺纹 | | 用于瓶盖旋紧后有一定内压的瓶口，截面为斜梯形，螺纹有一圈、一圈半和两圈三种 |

无螺纹瓶颈用于一次性使用的塑料瓶，瓶口可采用不同形式，如图4—3—6所示。

（2）瓶底部

塑料瓶的瓶底均采用凹入式结构，其目的是能在水平面上直立放置。当然，出于自动灌装液体的需要，可以考虑在瓶底采用止转槽的形式。

无论采用挤出吹塑或注射吹塑，瓶底部分的脱模方向必须垂直于开模方向，且采用嵌件结构。

图4—3—6　无螺纹瓶颈

（3）瓶体部

瓶体部分依用途不同而设计成各种形状。无论截面采用何种形状，其上不能存在妨碍脱模的部分，否则，必然造成塑料瓶脱模后的变形报废。

吹塑模的典型结构示意图如图4—3—7和图4—3—8所示。

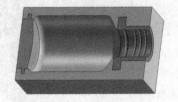 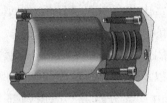

图4—3—7　压入式吹塑模结构示意图　　　　图4—3—8　螺钉固定式吹塑模结构示意图

## 三、共注射成型

随着塑料工业的迅速发展，人们对塑料制品质量的要求也越来越高，塑料制品的高性能化、多功能复合结构和绿色环保已成为塑料工业发展的方向。传统的注射成型技术由于其工艺特点的局限性已经很难适应这种趋势，而共注射成型技术则正好适应了这种趋势。

共注射成型是指使用两个或两个以上注射系统的注射机，将不同色泽或不同种类的塑料，同时或者顺序注射入同一模具内的成型方法。

共注射成型工艺最常见、最具有代表性的是双色注塑成型工艺和夹芯注塑成型工艺。另外，在它们的基础上还发展了气体辅助共注射成型技术和层状注射成型技术。

### 1. 双色注塑成型

（1）成型原理

双色注塑成型是一种既简单又特殊的塑料成型方式，它可以成型出两种不同颜色的塑料组成的制品，如图4—3—9所示。

图4—3—9　双色注塑成型产品

本质上讲，双色注塑成型是一种模具内组装或焊接的"嵌件成型"工艺方法。其成型原理为：将两种不同颜色的塑料在两个料筒内分别塑化，然后注入模腔，成型出表面具有两种不同颜色的塑料制品。

（2）工艺过程

双色注塑成型有两种方法：一是，使用两副分别成型塑料嵌件和包封塑料的模具，在两台普通注射机上分别注塑成型，即首先在一台注射机上注塑成型塑料嵌件，然后将塑料嵌件安装固定于另一副模具中，在另一台注射机上注塑另一种颜色的塑料将嵌件进行包封，从而获得双色塑料制品；二是，在专用的双色注射机（图4—3—10）上一次注塑成型，双色注射机有两个独立的注塑装置，分别塑化及注塑两种不同颜色的塑料。

图4—3—10　专用双色注射机

根据成型需要，双色注射机最常采用收缩型芯模具和旋转模具。

1）收缩型芯模具的模塑工艺过程

收缩型芯模具的模塑工艺过程如图4—3—11所示。图a表示在液压装置作用下，活动型芯被顶到上升位置，通过一个料筒完成制品外表部分的注塑；图b表示在制品外表部分固化后，通过液压装置的作用，活动型芯后退，通过另一个料筒完成在型芯后退留下的空间中注塑嵌件部分塑料熔体，待其固化后开模取出塑料制品，从而完成双色注塑成型。

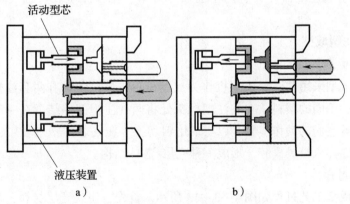

活动型芯

液压装置

a）　　　　　　　　　　　b）

图4—3—11　收缩型芯模具的模塑工艺过程示意图

a）外表（包封）部分的注塑　b）嵌件部分的注塑

2）旋转模具的模塑工艺过程

旋转模具的模塑工艺过程如图4—3—12所示。首先，通过小型腔注塑装置向小型腔注入第一种颜色的塑料，完成双色塑料制品的第一部分；然后，进行开模，动模旋转180°，进行合模，该部分操作使已成型的塑料制品的第一部分，转入大型腔中成为嵌件；最后，通过大型腔注塑装置向大型腔中注入另一种颜色的塑料，将塑料嵌件进行包封，从而完成双色塑料制品的成型。与此同时，小型腔注塑装置向小型腔中注入第一种颜色的塑料，成型出下一个塑料嵌件。

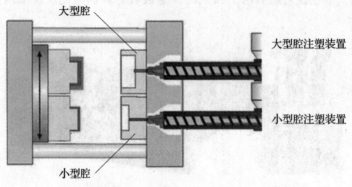

大型腔

大型腔注塑装置

小型腔注塑装置

小型腔

图4—3—12　旋转模具的模塑工艺过程示意图

除收缩型芯模具和旋转模具外，生产实际中还有脱件板旋转模具和型芯滑动式模具等双色注塑模具。

（3）应用

双色注塑成型工艺可以综合利用各组分塑料的特性，生产出功能多样、外形美观、色彩鲜艳的双色塑料制品。例如，在鞋类生产中，可以采用较柔软的塑料作为内层材料，使脚部感觉柔软舒适，采用刚性较好的塑料作为外层材料，使鞋子具有较好的稳固性。此外，双色注塑还广泛应用于其他领域，如计算机及通信行业中常用的塑料按键、双色电器外壳、汽车前后灯灯罩、化妆品包装、精美牙刷柄、剃须刀外壳等。

**2. 夹芯注塑成型**

（1）成型原理

夹芯注塑成型采用共注塑成型机作为成型设备，该设备具有两套注塑装置，分别塑化及注塑两种不同的塑料，在共注塑机头处将两种注塑部件结合在一起，并通过自动控制装置协调它们的动作步骤，以实现熔料切换。在夹芯注塑过程中，两种不同的塑料熔体被顺序注入模具模腔，形成一种壳层/芯体结构。

（2）工艺过程

夹芯注塑成型工艺过程如图4—3—13所示。首先，注入壳层材料，局部充填模具模腔，如图a所示；当壳层材料的注塑量达到要求后，转动熔料切换阀，开始注塑芯体材料，芯体材料进入预先注入的壳层流体中心，推动壳层材料进入模腔的空隙部分，此时，壳层材料的外层由于与较冷的模腔壁接触已经固化，芯层熔体不能穿透，从而壳层将包覆芯体，形成壳层/芯体结构，如图b、c所示；最后，转动熔料切换阀回到起始位置，继续注塑壳层材料，将流道内的芯体材料推入注塑件中并封模，从而完成一个成型周期。

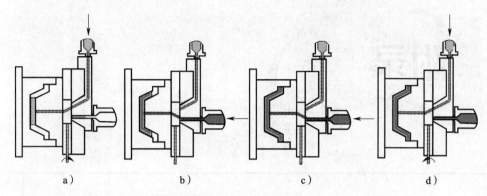

图 4—3—13　夹芯注塑成型工艺过程

a) 注入壳层材料　b)、c) 注入芯体材料　d) 注入壳层材料

（3）应用

夹芯注塑成型可以生产一些有特殊使用要求的塑料制品，例如耐化学腐蚀、导电、电磁波屏蔽、气体阻隔性能优良的塑料制品等，广泛应用于汽车、电子、化工等领域。

**3. 气体辅助共注射成型**

（1）成型原理

气体辅助共注射成型是共注射成型与气体辅助注射成型两种技术结合的产物。与共注射成型工艺相比，气体辅助共注射成型工艺增加了注气过程，通过注入的高压惰性气体，推动熔体完成充模过程，并在共注射成型塑料熔体内部产生中空截面。

（2）工艺过程

气体辅助共注射成型工艺过程主要包括三个阶段：共注射阶段，气体辅助注射阶段和气体保压、冷却、释压脱模阶段。

1）共注射阶段

首先，向模腔中注入壳层塑料熔体，局部充填模腔；然后，转动熔料切换阀，开始注入芯层熔体，芯层熔体推动壳层熔体前行，且在壳层熔体内部穿透，形成壳层/芯体结构，当壳层与芯体材料的总注塑量达到模具腔体体积的一定比例时，停止注塑。

2）气体辅助注射阶段

共注射阶段结束后，经过短时延迟，直接向芯层熔体中注入高压惰性气体（一般为氮气），高压气体在芯层塑料熔体内部穿透，并在芯体内部形成中空气道，芯层熔体在高压气体的推动下壳层熔体向模腔末端流动，直至塑料熔体完全充满模腔。

（3）应用

气体辅助共注射成型综合了共注射成型和气体辅助成型两种技术的优点，广泛应用于汽车、家电、仪器仪表、医疗器械、化工等行业，主要用来生产具有多种性能要求的多功能中空塑料制品，例如以高性能材料为壳层、普通材料为芯层，或者以原生材料为壳层、废旧材料为芯层的满足使用要求的低成本中空塑料制品。

## 附录

附录一　　　　　　　　　常用工程塑料的应用

| 名称 | 典型应用范围 |
|---|---|
| ABS（丙烯腈 – 丁二烯 – 苯乙烯共聚物） | 汽车（仪表板、工具舱门、车轮盖、反光镜盒等）、电冰箱、大强度工具（头发烘干机、搅拌器、食品加工机、割草机等）、电话机壳体、娱乐用车辆（如高尔夫球手推车以及喷气式雪橇车）等 |
| PA12（聚酰胺 12 或尼龙 12） | 水量表或其他商业设备、电缆套、机械凸轮、滑动机构以及轴承等 |
| PA6（尼龙 6） | 由于具有很好的机械强度和刚度，被广泛用于结构部件。由于具有很好的耐磨损特性，还被用于制造轴承 |
| PA66（尼龙 66） | 同 PA6 相比，PA66 更广泛应用于汽车工业、仪表壳体以及其他需要有抗冲击和高强度要求的产品 |
| PBT（聚对苯二甲酸丁二醇） | 家用器具（食品加工刀片、真空吸尘器元件、电风扇、头发干燥机壳体、咖啡器皿等）、电器元件（开关、电机壳、熔丝盒、计算机键盘按键等）、汽车工业（散热器格窗、车身嵌板、车轮盖、门窗部件等） |
| PC（聚碳酸） | 电气和商业设备（计算机元器件、连接器等）、家用器具（食品加工机、电冰箱抽屉等）、交通运输设备（车辆的前后灯、仪表板等） |
| PC/ABS（聚碳酸和丙烯腈 – 丁二烯 – 苯乙烯共聚物的混合物） | 计算机和商业机器的壳体、电气设备、草坪和园艺机器、汽车零件（仪表板、内部装饰以及车轮盖） |
| PC/PBT（聚碳酸和聚对苯二甲酸丁二醇的混合物） | 车辆箱、汽车保险杠以及要求具有抗化学反应和耐腐蚀性、热稳定性、抗冲击性以及几何稳定性的塑料制品 |

续表

| 名称 | 典型应用范围 |
|---|---|
| HDPE（高密度聚乙烯） | 电冰箱容器、存储容器、家用厨具、密封盖等 |
| LDPE（低密度聚乙烯） | 碗、箱柜、管道连接器 |
| PEL（聚乙醚） | 汽车工业（发动机配件如温度传感器、燃料和空气处理器等）、电器及电子设备（电气联结器、印刷电路板、芯片外壳、防爆盒等）、产品包装、飞机内部设备、医药行业（外科器械、工具壳体、非植入器械） |
| PET（聚对苯二甲酸乙二醇） | 汽车工业（结构器件如反光镜盒、电气部件如车头灯反光镜等）、电器元件（马达壳体、电气联结器、继电器、开关、微波炉内部器件等）、工业应用（泵壳体、手工器械等） |
| PETG（乙二醇改性聚对苯二甲酸乙二醇） | 医药设备（试管、试剂瓶等）、玩具、显示器、光源外罩、防护面罩、冰箱保鲜设备等 |
| PMMA（聚甲基丙烯酸甲，俗称有机玻璃） | 汽车工业（信号灯设备、仪表盘等）、医药行业（储血容器等）、工业应用（影碟、灯光散射器等）、日用消费品（饮料杯、文具等） |
| POM（聚甲醛） | 具有很低的摩擦系数和很好的几何稳定性，特别适合于制作齿轮和轴承。由于还具有耐高温特性，还用于管道器件（管道阀门、泵壳体）、草坪设备等 |
| PP（聚丙烯） | 汽车工业（主要使用含金属添加剂的PP：挡泥板、通风管、风扇等）、器械（洗碗机门衬垫、干燥机通风管、洗衣机框架及机盖，冰箱门衬垫等）、日用消费品（草坪和园艺设备，如剪草机和喷水器等） |
| PPE/PPO（聚苯醚的混合物） | 家庭用品（洗碗机、洗衣机等）、电气设备如控制器壳体、光纤连接器等 |
| PS（聚苯乙烯） | 产品包装、家庭用品（餐具、托盘等）、电气（透明容器、光源散射器、绝缘薄膜等） |
| PVC（聚氯乙烯） | 供水管、家用管道、房屋墙板、商用机器壳体、电子产品包装、医疗器械、食品包装等 |
| SAN（苯乙烯－丙烯腈共聚物） | 电气（插座、壳体等）、日用商品（厨房器械、冰箱装置、电视机底座、卡带盒等）、汽车工业（车头灯盒、反光镜、仪表盘等）、家庭用品（餐具、商品刀具等）、化妆品包装等 |

附录二

## 常用热塑性塑料注射成型工艺参数

| | 名称 | 硬聚氯乙烯 | 软聚氯乙烯 | 低密度聚乙烯 | 高密度聚乙烯 | 聚丙烯 | 共聚聚丙烯 | 玻璃纤维聚丙烯 | 苯乙烯 | 改性聚苯乙烯 | 丙烯腈-丁二烯-苯乙烯高聚物 | | |
|---|---|---|---|---|---|---|---|---|---|---|---|---|---|
| | 代号 | UPVC | SPVC | LDPE | HDPE | PP | PP | FRPP | PS | HIPS | ABS | 耐热级 ABS | 阻燃级 ABS |
| 材料 | 收缩率（%） | 0.5~0.7 | 1~3 | 1.5~4 | 1.3~3.5 | 1.2~2.5 | 1~2 | 0.6~1 | 0.4~0.7 | 0.4~0.7 | 0.4~0.7 | | |
| | 密度（g/cm³） | 1.35~1.45 | 1.16~1.35 | 0.91~0.925 | 0.941~0.965 | 0.90~0.91 | 0.91 | — | 1.04~1.06 | 1.02~1.16 | 1.02~1.16 | | |
| 设备 | 类型 | | | | | 螺杆式 | | | | | | | |
| | 螺杆转速（r/min） | 20~40 | 40~80 | 60~100 | 40~80 | 30~80 | 30~60 | 30~60 | 40~80 | 40~80 | 30~60 | 20~50 | |
| | 喷嘴形式 | | | | | 直通式 | | | | | | | |
| 温度 | 料筒一区（℃） | 150~160 | 140~150 | 140~160 | 150~160 | 150~170 | 160~170 | 160~180 | 140~160 | 150~160 | 150~170 | 180~200 | 170~190 |
| | 料筒二区（℃） | 165~170 | 155~165 | 150~170 | 170~180 | 180~190 | 180~200 | 190~200 | 170~180 | 170~190 | 180~190 | 210~220 | 200~210 |
| | 料筒三区（℃） | 170~180 | | 160~180 | 180~200 | 190~205 | 190~220 | 210~220 | 180~190 | 180~200 | 200~210 | 220~230 | 210~220 |
| | 喷嘴（℃） | 150~170 | 145~155 | 150~170 | 160~180 | 170~190 | 180~220 | 190~200 | 160~170 | 170~180 | 180~190 | 200~220 | 180~190 |
| | 模具（℃） | 30~60 | 30~40 | 30~45 | 30~50 | 40~60 | 40~70 | 30~80 | 30~50 | 20~50 | 50~70 | 60~85 | 50~70 |

续表

| 名称 | 硬聚氯乙烯 | 软聚氯乙烯 | 低密度聚乙烯 | 高密度聚乙烯 | 聚丙烯 | 共聚聚丙烯 | 玻璃纤维聚丙烯 | 苯乙烯 | 改性聚苯乙烯 | 丙烯腈-丁二烯-苯乙烯高聚物 |
|---|---|---|---|---|---|---|---|---|---|---|
| 压力 注塑(MPa) | 80~130 | 40~80 | 60~100 | 80~100 | 60~100 | 70~120 | 80~120 | 60~100 | 60~100 | 85~120 / 60~100 |
| 压力 保压(MPa) | 40~60 | 20~30 | 40~50 | 50~60 | 50~80 | 50~80 | 50~80 | 30~40 | 30~50 | 40~60 / 50~80 / 40~60 |
| 时间 注塑(s) | 2~5 | 1~3 | 1~5 | 1~5 | 1~5 | 2~5 | 2~5 | 1~3 | 1~5 | 2~5 / 3~5 |
| 时间 保压(s) | 10~20 | 5~15 | 10~30 | 10~30 | 5~10 | 5~15 | 5~15 | 10~15 | 5~15 | 5~10 / 15~30 |
| 时间 冷却(s) | 10~30 | 10~20 | 15~20 | 15~25 | 10~20 | 10~20 | 10~20 | 5~15 | 5~15 | 15~30 |
| 时间 周期(s) | 20~55 | 10~38 | 20~40 | 25~60 | 15~35 | 15~40 | 15~40 | 20~30 | 15~30 | 30~60 |
| 后处理 方法 | — | — | — | — | — | — | — | 红外线烘箱 | 红外线烘箱 | 红外线烘箱 |
| 后处理 温度(℃) |  |  |  |  |  |  |  | 70~80 | 70 | 70~90 |
| 后处理 时间(h) |  |  |  |  |  |  |  | 2~4 | — | 0.3~1 |
| 备注 | | | | | | | | | | 材料预干燥 0.5 h 以上 |

| 材料 | ACS | AS(SAN) | PMMA | POM | PC | GRPC | PSU | 改性 PSU | DRPSU |
|---|---|---|---|---|---|---|---|---|---|
| 代号 | ACS | AS(SAN) | PMMA | POM | PC | GRPC | PSU | 改性 PSU | DRPSU |
| 收缩率(%) | 0.5~0.8 | 0.4~0.7 | 0.5~1.0 | 2~3 | 0.5~0.8 | 0.4~0.6 | 0.4~0.8 | 0.3~0.5 | 0.3~0.5 |
| 密度(g/cm³) | 1.07~1.10 | — | 1.17~1.20 | 1.41~1.43 | 1.18~1.20 | — | 1.24 | — | 1.34~1.40 |

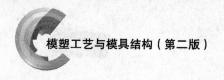
续表

| 名称 | | 硬聚氯乙烯 | 软聚氯乙烯 | 低密度聚乙烯 | 高密度聚乙烯 | 聚丙烯 | 共聚聚丙烯 | 玻璃纤维聚丙烯 | 苯乙烯 | 改性聚苯乙烯 | 丙烯腈-丁二烯-苯乙烯高聚物 |
|---|---|---|---|---|---|---|---|---|---|---|---|
| 设 备 | 类型 | 螺杆式 | 螺杆式 | 柱塞式 | 螺杆式 | 柱塞式 | 螺杆式 | 柱塞式 | 螺杆式 | 螺杆式 | 螺杆式 |
| | 螺杆转速(r/min) | 20~30 | 20~50 | — | 20~30 | — | 20~40 | — | 20~40 | 20~30 | 20~30 |
| | 喷嘴形式 | 直通式 | | | | | | | | | |
| 温 度 | 料筒一区(℃) | 160~170 | 170~180 | 180~200 | 180~200 | 170~180 | 170~190 | 260~290 | 240~270 | 260~280 | 290~300 |
| | 料筒二区(℃) | 180~190 | 210~230 | 190~230 | 190~230 | — | 180~200 | — | 260~290 | 270~310 | 310~330 |
| | 料筒三区(℃) | 170~180 | 200~210 | 210~240 | 180~210 | 170~190 | 170~190 | 270~300 | 240~280 | 260~290 | 300~320 |
| | 喷嘴(℃) | 160~180 | 180~190 | 180~210 | 180~200 | 170~180 | 170~180 | 240~250 | 230~250 | 240~270 | 280~300 |
| | 模具(℃) | 50~60 | 50~70 | 40~80 | 40~80 | 80~100 | 80~100 | 90~110 | 90~110 | 130~150 | 130~150 |

续表

| 名称 | | 硬聚氯乙烯 | 软聚氯乙烯 | 低密度聚乙烯 | 高密度聚乙烯 | 聚丙烯 | 共聚聚丙烯 | 玻璃纤维聚丙烯 | 苯乙烯 | 改性聚苯乙烯 | 丙烯腈-丁二烯-苯乙烯高聚物 |
|---|---|---|---|---|---|---|---|---|---|---|---|
| 压力 | 注塑（MPa） | 80~120 | | 80~130 | 80~120 | 80~130 | 80~120 | 100~140 | 80~130 | | 100~140 |
| | 保压（MPa） | 40~50 | 40~50 | 40~60 | 40~60 | 40~60 | 40~60 | 50~60 | 40~60 | 40~60 | 40~50 |
| 时间 | 注塑（s） | 1~5 | 2~5 | 3~5 | 1~5 | 2~5 | 2~5 | 1~5 | 1~5 | 2~5 | 2~7 |
| | 保压（s） | 15~30 | 15~30 | 10~20 | 10~20 | 20~40 | 20~40 | 20~80 | 20~60 | 20~80 | 20~50 |
| | 冷却（s） | 15~30 | 15~30 | 15~30 | 15~30 | 20~40 | 20~40 | 20~50 | 20~50 | 20~50 | 20~40 |
| | 周期（s） | 40~70 | 40~70 | 35~55 | 35~55 | 40~80 | 40~80 | 40~120 | 40~110 | 50~130 | 40~100 |
| 后处理 | 方法 | 红外线烘箱 | | | | | | | 热风烘箱 | | |
| | 温度（℃） | 70~80 | 70~90 | 60~70 | 60~70 | 140~150 | 140~150 | 100~110 | 100~110 | 170~180 | 170~180 |
| | 时间（h） | 2~4 | 2~4 | 2~4 | 2~4 | 1 | 1 | 8~12 | 8~12 | 1~4 | 2~4 |
| 备注 | | 0.5 h以上 | 材料预干燥1 h以上 | | | 2 h以上 | | | 材料预干燥6 h以上 | | 材料预干燥2~4 h |

附录三 常见注射成型塑料制品的缺陷及原因分析

| 缺陷 | 产生原因 | 解决措施 |
|---|---|---|
| 塑料不足、形状有欠缺 | 料筒、喷嘴温度偏低 | 提高料筒、喷嘴温度 |
| | 模具温度太低 | 提高模具温度 |
| | 加料量不够 | 提高加料量 |
| | 注射压力低 | 提高注射压力 |
| | 进料速度太慢 | 调节进料速度 |
| | 锁模力不够 | 增加锁模力 |
| | 模腔无适当排气孔 | 修整模具，增加排气孔 |
| | 注射时间太短，柱塞或螺杆回退过早 | 增加注射时间 |
| | 杂物堵塞喷嘴 | 清理喷嘴 |
| | 流道浇口太小，浇口数量不够，位置不当 | 正确设置浇注系统 |
| 存在溢边（俗称"批锋"） | 注射压力太大 | 降低注射压力 |
| | 锁模力不足 | 调节锁模力 |
| | 模具密封不严，有杂物或模板弯曲变形 | 修整模具 |
| | 模腔排气不良 | 修整模具 |
| | 料筒、喷嘴及模具温度过高 | 调节温度 |
| | 原料流动性太大 | 考虑更换原料 |
| 存在明显的熔接痕 | 料温太低，塑料流动性差 | 提高料温 |
| | 注射压力太小 | 提高注射压力 |
| | 注射速度太慢 | 提高注射速度 |
| | 模温太低 | 提高模温 |
| | 模腔排气不良 | 改善模腔排气 |
| | 脱模剂过多 | 减少脱模剂量 |
| 表面存在黑点及条纹 | 料温高，塑料分解 | 降低料温 |

续表

| 缺陷 | 产生原因 | 解决措施 |
|------|----------|----------|
| 表面存在黑点及条纹 | 喷嘴与主流道不吻合，产生积料 | 修整结合处，除去死角 |
| 表面存在黑点及条纹 | 模具排气不良 | 修整模具排气装置 |
|  | 染色不均匀 | 重新染色 |
|  | 原料污染或带进杂料 | 更换、处理原料 |
| 表面存在银丝及斑纹 | 料温过高，分解物进入模腔 | 降低料温 |
|  | 原料含水量高，成型时气化 | 原料预热或干燥 |
|  | 物料中含有易挥发物 | 原料预热或干燥 |
| 存在明显变形 | 冷却时间短 | 加长冷却时间 |
|  | 顶出力不均 | 改变顶出位置 |
|  | 模温太高 | 降低模温 |
|  | 内应力太大 | 设法消除内应力 |
|  | 通水不良，冷却不均 | 改良水路 |
|  | 制品壁厚不均 | 正确设计制品 |
| 存在脱皮、分层 | 原料不纯 | 净化处理原料 |
|  | 不同级别或牌号原料混用 | 严格使用原料 |
|  | 润滑剂配入过量 | 减少润滑剂用量 |
|  | 塑化不均匀 | 增加塑化能力 |
|  | 混入异物 | 清除异物 |
|  | 浇口过小，摩擦力太大 | 增大浇口，减小摩擦力 |
|  | 保压时间过短 | 延长保压时间 |
| 存在裂纹 | 模温过低 | 调高模温 |

续表

| 缺陷 | 产生原因 | 解决措施 |
|---|---|---|
| 存在裂纹 | 冷却时间过长 | 缩减冷却时间 |
| | 塑料和金属嵌件收缩不一 | 预热金属嵌件 |
| | 顶出装置倾斜或不平衡，顶出面积小或分布不当 | 合理安排顶出装置 |
| | 脱模斜度不够 | 正确设计脱模斜度 |
| 表面存在波纹 | 物料温度低，黏度大 | 提高料温 |
| | 模温低 | 提高模温 |
| | 注射速度过慢 | 提高注射速度 |
| | 浇口过小 | 适当扩大浇口 |
| 性脆、强度下降 | 料温过高，塑料分解 | 降低料温，控制塑料在料筒内滞留时间 |
| | 塑料和嵌件内应力过大 | 预热嵌件，保证嵌件周围有一定厚度的塑料 |
| | 塑料回用次数过多 | 控制回料配比 |
| | 塑料含水 | 塑料预热干燥 |
| 脱模困难 | 模具顶出装置结构不良 | 改进顶出装置 |
| | 模腔脱模斜度不够 | 正确选择脱模斜度 |
| | 模腔温度不合适 | 适当控制模温 |
| | 模腔有接缝或存料 | 清理模具 |
| | 成型周期太短或太长 | 适当控制成型周期 |
| | 模芯无进气孔 | 修整模芯 |
| 尺寸不稳定 | 注射机电路或油路系统不稳定 | 修调注射机电路或油路系统 |
| | 成型周期不一 | 严格控制成型周期 |

续表

| 缺陷 | 产生原因 | 解决措施 |
|---|---|---|
| 尺寸不稳定 | 温度、时间、压力变化 | 调节温度、时间、压力，使之稳定 |
| | 塑料颗粒大小不一 | 使用均一塑料 |
| | 回收下脚料与新料混合比例不均 | 均匀混合比例 |
| | 加料不均 | 控制或调节加料，使之均匀 |